Pallab Regmi

Oportunidades de eficiência energética e redução dos gases com efeito de estufa nos hotéis do Nepal

Pallab Regmi

Oportunidades de eficiência energética e redução dos gases com efeito de estufa nos hotéis do Nepal

ScienciaScripts

Imprint

Any brand names and product names mentioned in this book are subject to trademark, brand or patent protection and are trademarks or registered trademarks of their respective holders. The use of brand names, product names, common names, trade names, product descriptions etc. even without a particular marking in this work is in no way to be construed to mean that such names may be regarded as unrestricted in respect of trademark and brand protection legislation and could thus be used by anyone.

Cover image: www.ingimage.com

This book is a translation from the original published under ISBN 978-3-659-44416-6.

Publisher:
Sciencia Scripts
is a trademark of
Dodo Books Indian Ocean Ltd. and OmniScriptum S.R.L publishing group

120 High Road, East Finchley, London, N2 9ED, United Kingdom
Str. Armeneasca 28/1, office 1, Chisinau MD-2012, Republic of Moldova, Europe
Printed at: see last page
ISBN: 978-620-8-04025-3

Índice:

RESUMO

A energia é uma parte muito importante da vida humana. Assim, a procura de energia está a aumentar de dia para dia com o desenvolvimento tecnológico e industrial e a urbanização. Estamos a enfrentar problemas energéticos devido ao aumento da procura e ao baixo fornecimento de fontes de energia como o petróleo e a eletricidade da rede. Neste caso, a utilização eficiente da energia é uma boa opção para o país. A eficiência energética é uma das soluções mais eficazes para resolver os efeitos adversos e os desafios do aumento da procura de energia.

A indústria hoteleira do Nepal é um dos maiores consumidores de energia no sector comercial, com um elevado potencial de melhoria da eficiência energética. Por conseguinte, o empenhamento dos hotéis na eficiência energética é importante para a proteção do ambiente, tanto no presente como no futuro. No que respeita ao padrão de consumo de energia e às oportunidades de eficiência, esta investigação foi efectuada em quatro hotéis de 3 estrelas de Katmandu: Grand Hotel Pvt. Ltd, Redcross Marg, Tahachal, Hotel Marshyangdi Pvt. Ltd, Thamel, Thamel Eco Resort Pvt. Ltd. Thamel e Club Himalaya Nagarkot Resort Pvt. Ltd, Nagarkot. O principal objetivo deste estudo é descobrir as oportunidades de eficiência energética e a sua contribuição para a redução das emissões de gases com efeito de estufa e sugerir a implementação do Sistema de Gestão Ambiental (SGA) para uma hospitalidade mais limpa e amiga do ambiente.

O trabalho de campo baseou-se num questionário estruturado e na observação direta do equipamento consumidor de energia (elétrico e não elétrico). Os dados primários foram utilizados para analisar e identificar o padrão de consumo de energia dos hotéis estudados, para descobrir as possibilidades de instalação de tecnologias eficientes e renováveis e para calcular as emissões de GEE provenientes da utilização de petróleo nos hotéis (utilizando as diretrizes do IPCC) e o período de retorno do investimento.

Áreas como o ar condicionado, a refrigeração e a cozinha foram consideradas as principais áreas consumidoras de energia de todos os hotéis. O gasóleo é o principal combustível utilizado para a produção de eletricidade durante as horas de vazio e as horas de ponta durante a noite. No total dos 4 hotéis estudados, são consumidos 17525 litros de gasóleo por mês e o custo é de cerca de NRs 14, 08,925. O GPL é outro combustível principal utilizado principalmente para cozinhar na cozinha e a gasolina é utilizada para o transporte. A partir do estudo e do cálculo, verificou-se que os quatro hotéis gastam cerca de NRs 29, 24,715 por mês como custo de energia. O gasóleo representa cerca de 48% do custo total da energia. Só do consumo de gasóleo são emitidas 554,274 toneladas de CO_2 equivalente a GEE num ano. O consumo total de energia foi de 12874,04 GJ por ano e o consumo de energia por hóspede foi de 38,82 GJ por ano. A utilização de aparelhos eléctricos não foi considerada eficiente em termos de consumo de eletricidade. O consumo elevado de eletricidade do ar condicionado e do frigorífico é a principal causa da fatura elevada de eletricidade dos hotéis. Os hotéis utilizam lâmpadas incandescentes que consomem muita eletricidade e que podem ser substituídas por lâmpadas LED. Não só as incandescentes, mas também as CFL podem ser substituídas devido ao período de retorno efetivo e à poupança de energia.

A implementação do Sistema de Gestão Ambiental (SGA) é considerada a melhor oportunidade para práticas energeticamente eficientes e um melhor desempenho ambiental, devido à sua eficácia e benefícios para as indústrias. Mas agora temos também a nova norma ISO 50001: Sistema de Gestão de Energia (EnMS). A norma ISO 50001: EnMS tem como objetivo fornecer às organizações um quadro reconhecido para a integração do desempenho energético nas suas praticas de gestão. As organizações multinacionais terão acesso a uma norma única e harmonizada para implementação em toda a organização, com uma metodologia lógica e consistente para identificar e implementar melhorias. Juntamente com a implementação do EMS e do EnMS, são encorajados inquéritos mais alargados à indústria hoteleira, como forma de desenvolver as melhores práticas de conservação de energia e de descobrir a viabilidade da implementação de tecnologias renováveis, como o sistema de casas solares e a central de biogás.

Palavras-chave: Eficiência energética, redução de gases com efeito de estufa, SGA

RECONHECIMENTO

É com grande prazer que expresso a minha sincera gratidão ao meu orientador, Dr. Uttam Kunwar, pela sua valiosa orientação, supervisão, comentários importantes, sugestões e encorajamento ao longo deste estudo. Gostaria também de expressar a minha sincera gratidão ao Dr. Anand Raj Joshi, Diretor Académico da SchEMS, pelas suas sugestões úteis e pelo seu encorajamento durante todo o período de estudo. Foi graças ao seu apoio contínuo que esta investigação ganhou esta forma.

Gostaria de estender os meus sinceros agradecimentos ao Sr. Thakur Dhakal do Grand Hotel Pvt. Ltd, ao Sr. Baijaya Nath Yadav do Hotel Marshyangdi, ao Sr. Keshav Lamsal do Thamel Eco resort Pvt. Ltd e à direção do Club Himalaya Nagarkot Resort Pvt. Ltd pela sua cooperação, contribuindo com o seu precioso tempo e apoio para a recolha de informações durante a visita de campo, sem o seu apoio este estudo não teria sido possível.

Um agradecimento especial aos meus amigos Sr. Niroj Timalsina, Sr. Ajit Tumbahanphe, Sr. Chiranjivi Duwadi, Sr. Vicky Koirala, Sr. Injun Acharya, Sr. Ajay Kumar Das e a todos os meus amigos pelo seu apoio contínuo na preparação da tese. Gostaria de exprimir a minha profunda gratidão ao meu pai, Sr. Basu Dev Regmi, à minha mãe, Sra. Rukmini Regmi, e a todos os membros da minha família pelo seu apoio incondicional e inspiração na minha carreira académica.

Sr. Pallab Regmi
2012

CAPÍTULO: I

1. INTRODUÇÃO
1.1 Antecedentes

A energia é um bem essencial nas nossas vidas. A procura mundial de energia está a **aumentar** constantemente **com o** desenvolvimento tecnológico e **industrial** e **com a urbanização.** Com o **aumento do consumo de energia, os problemas associados ao** ambiente também **estão** a aumentar. **A energia é o principal fator das alterações climáticas, contribuindo com** a **maior** parte **das** emissões **de gases com efeito de estufa** (IPCC, 2007). **A aceleração do aumento** da concentração de gases com efeito de estufa **na atmosfera** provocou **o aquecimento do globo terrestre em mais** de meio grau **Celsius durante o último século e conduzirá a um aquecimento** de pelo menos mais **meio** grau nas próximas décadas (**Stern** 2006).

A energia no Nepal provém principalmente **de recursos de biomassa, de** combustíveis fósseis importados e de **energia** hidroelétrica. **O consumo de energia** no Nepal está a **aumentar** de dia para dia. No **Nepal, o consumo de energia depende principalmente de** fontes tradicionais **como** a lenha, **os resíduos agrícolas**, o estrume **animal, etc. Uma parte do** consumo **provém** de **fontes** comerciais **como o petróleo, o carvão, a eletricidade da rede, etc.,** e uma pequena parte é **coberta por fontes** alternativas **de energia como as mini-hídricas, as micro-hídricas, as pico-hídricas, o** biogás, **a energia solar, etc. No Nepal,** o consumo total de **energia é de cerca de** 401 milhões de GJ por ano (WECS, 2010).

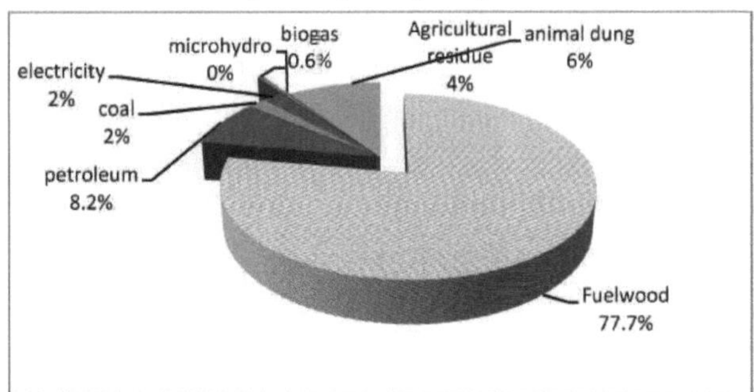

Figura 1: Consumo de energia do Nepal: por tipo de combustível

O consumo de gasóleo, querosene, GPL e outros produtos petrolíferos é de 25951900 GJ em 2008/09.

No Nepal, 89% da energia é consumida pelo sector **residencial,** enquanto o sector industrial consome apenas **cerca de 3% da energia.**

No final do exercício de **2009/10, foram produzidos** 697 MW de eletricidade a **partir de todos os** projectos em todo o país. **Do total da eletricidade gerada, 689 MW** foram ligados à rede nacional, enquanto que os restantes centros de micro-hidroeletricidade autónomos têm vindo a abastecê-los a nível local. Do mesmo modo, incluindo a produção dos centros de eletricidade térmica de 53,4 MW e a produção dos centros solares de 100 KW, a produção total de eletricidade atingiu 751 MW (MOF, 2011).

A eficiência energética é um esforço para reduzir a quantidade de energia necessária para realizar a mesma função ou para produzir o mesmo produto. Tem sempre como objetivo encontrar formas de utilização eficiente da energia que ajudem a reduzir a degradação ambiental relacionada com o consumo excessivo de energia. A eficiência energética é uma das soluções mais eficazes para resolver os efeitos adversos e os desafios do aumento da procura de energia. O aumento da eficiência energética pode trazer oportunidades para limitar a taxa de aumento do consumo de energia eléctrica e para atenuar as alterações climáticas.

A melhoria da eficiência energética é amplamente considerada como uma das opções mais importantes para limitar as alterações climáticas induzidas pelo homem (IPCC, 2001). A melhoria da eficiência energética é geralmente quantificada em termos de uma redução do consumo específico de energia: a utilização de energia por unidade de atividade humana. De um ponto de vista ambiental, as alterações climáticas são a maior ameaça ambiental que o mundo enfrenta atualmente.

Os problemas ambientais com que nos confrontamos atualmente constituem novas restrições ao desenvolvimento em todo o mundo. A maioria dos problemas ambientais graves está relacionada com a utilização de energia. A relação entre os impactos ambientais e o consumo de energia é muito estreita. Um problema ambiental, a emissão de dióxido de carbono proveniente da queima de combustíveis, passou a dominar o debate e as políticas energéticas nas últimas duas décadas em todo o mundo. Cerca de oito milhões de toneladas de gases com efeito de estufa (GEE) são emitidas anualmente para a atmosfera, das quais 70% são emitidas pelos países desenvolvidos e o resto é partilhado pelos países em desenvolvimento (Shakya, 2005). A temperatura da Terra já aumentou 0,74°C no último século e prevê-se que aumente de 1,1 a 6,4°C até ao final deste século (IPCC, 2007). A utilização de tecnologias renováveis em vez do petróleo é importante para a redução dos GEE. Embora o impacto da tecnologia das energias renováveis na atenuação das emissões de GEE seja muito pequeno, os estudos actuais sugerem que as energias renováveis podem ter um papel proeminente no futuro energético mundial e desempenhar um papel crucial nas estratégias de controlo das emissões de gases com efeito de estufa no mundo (Mills, 1998).

Para a conservação de recursos com práticas de eficiência energética, a aplicação da norma ISO14001: EMS é muito útil e eficaz para o sector industrial, como a indústria hoteleira. Até à data, não existem no Nepal hotéis que implementem o SGA, mas a nível internacional o sistema de gestão ambiental (SGA) é implementado com êxito e eficácia. Isso torna-os bem sucedidos na poupança de custos energéticos e na prestação de serviços de hotelaria mais limpos do ponto de vista ambiental. Um sistema de gestão ambiental (SGA) é uma abordagem sistemática para incorporar objectivos e prioridades energéticos e ambientais (como a utilização de energia e a conformidade regulamentar) nas operações de rotina. De acordo com a norma internacional ISO 14001, um Sistema de Gestão Ambiental (SGA) é "a parte do sistema de gestão global que inclui a estrutura organizacional, as actividades de planeamento, as responsabilidades, as práticas, os procedimentos, os processos e os recursos para desenvolver, implementar, alcançar, rever e manter a política ambiental". A norma ISO 14001 EMS é composta por cinco secções: Política Ambiental, Planeamento, Implementação e Operações, Verificação e Ação Corretiva e Análise pela Gestão.

Até ao final de 2005, existiam mais de 110 000 organizações certificadas pela ISO 14001 em todo o mundo, incluindo cerca de 600 organizações do sector hoteleiro (ISO, 2006).

Recentemente, a 2011-06-09, a Organização Internacional de Normalização (ISO) publicou outro sistema de gestão denominado Sistema de Gestão da Energia (SGE): a norma ISO 50001. Não se trata de uma série de normas como a ISO 9000, ISO 14000, etc. Trata-se de uma norma única destinada à certificação. A norma ISO 50001: 2011 especifica os requisitos para estabelecer, implementar, manter e melhorar um sistema de gestão da energia (ISOhelpline.com).

O objetivo da ISO 50001: 2011 é permitir que uma organização alcance uma melhoria contínua na sua utilização e consumo de energia ou desempenho energético através de uma abordagem sistemática. A ISO 50001 apoia organizações de todos os sectores a utilizarem a energia de forma mais eficiente, através do desenvolvimento de um sistema de gestão de energia (EnMS). Proporciona benefícios às organizações; grandes e pequenas, nos sectores público e privado, na indústria transformadora e nos serviços, em todas as regiões do mundo. A ISO 50001 estabelecerá um quadro para a gestão da energia em instalações industriais, comerciais, institucionais e governamentais, bem como em organizações inteiras. Visando uma ampla aplicabilidade em todos os sectores económicos nacionais, estima-se que a norma possa influenciar até 60% da utilização mundial de energia (ISO, 2011). No caso do sector hoteleiro nepalês, para tornar a utilização de energia eficiente, poderia ser bom implementá-la juntamente com c SGA.

A gestão ambiental no sector hoteleiro tem as suas raízes em duas grandes iniciativas da década de 1990 - a Agenda 21 para o sector das viagens e do turismo e a norma ISO 14001. Na sequência da Cimeira da Terra do Rio de Janeiro, em 1992, a Organização Mundial do Turismo e a Organização Mundial das Viagens e do Turismo (OMT) lançaram a Agenda 21 para a indústria das viagens e do turismo.

O Conselho do Turismo publicou a Agenda 21 para o sector das viagens e do turismo: "Rumo a um desenvolvimento ambientalmente sustentável". A Agenda 21 define uma vasta gama de impactos ambientais e sociais associados às actividades hoteleiras e os princípios para minimizar esses impactos. A ISO 14001 é a norma internacional do sistema de gestão ambiental promulgada em 1996 pela Organização Internacional de Normalização, com sede em Genebra. Em 1997, o Green Globe do Conselho Mundial de Viagens e Turismo criou uma norma internacional e um programa de certificação para hotéis e outras empresas de viagens e turismo que combinam os princípios da Agenda 21 e o sistema de gestão ambiental ISO 14001 - Green Globe 21. As práticas e oportunidades de eficiência energética são a melhor forma de atingir os objectivos da Agenda 21 relativamente ao Sistema de Gestão Ambiental (SGA) na indústria hoteleira. A indústria hoteleira no Nepal é um dos maiores utilizadores de energia no sector comercial, com um elevado potencial para melhorar a eficiência energética, pelo que o compromisso dos hotéis com a eficiência energética é importante para salvaguardar o ambiente, tanto hoje como no futuro. Tornar a atividade hoteleira mais amiga do ambiente também oferece uma série de benefícios qualitativos, tais como melhores relações públicas e oportunidades de entrar em novos mercados. As práticas operacionais energeticamente eficientes também conduzem a ambientes de trabalho quentes, agradáveis e geralmente mais confortáveis. A má gestão da energia, como a má manutenção do equipamento, pode sugerir ao pessoal e aos visitantes que a eficiência energética e a proteção ambiental não são valorizadas pela organização. Boas condições de trabalho incentivam a retenção do pessoal, reduzem os níveis de doença e de baixas por doença, aumentam o moral e a produtividade e reduzem o investimento necessário para o recrutamento. Ser eficiente do ponto de vista energético é uma prática vital para garantir boas condições de trabalho. A eficiência energética poupa energia, custos e reduz as emissões de gases com efeito de estufa, como o CO_2 (http://www.mdsideas.com/unwto/).

Quadro 1: Diferença entre EnMS e EMS

S.N	EnMS: ISO 50001	EMS: ISO 14001
1.	Tem mais de um requisito baseado na medição do desempenho.	Não especifica níveis de desempenho ambiental, a intenção é fornecer um quadro para uma abordagem holística e estratégica da política, planos e acções ambientais da organização.
2.	Destina-se a tratar exclusivamente da gestão e do desempenho energéticos	Demasiado amplo e não suficientemente específico apenas para a gestão da energia.
3.	Norma baseada no desempenho	Baseado na melhoria contínua

1.2 Declaração do problema:

Estudos realizados na região GAR do Gana, nos hotéis de Macau na China e nos países europeus (hotéis suecos e polacos) discutiram a questão das práticas de gestão ambiental e mostraram amplos dados sobre uma variedade de actividades e abordagens que foram adoptadas pelos hotéis para lidar com questões ambientais. No entanto, poucos estudos abordaram o estado atual das actividades ambientais (Penny, 2007; Bohdanowicz , 2006). Estudos anteriores também abordaram várias vantagens e benefícios que foram obtidos pelos hotéis através da prática de programas de gestão ambiental (Chan e Wong, 2006; Ann et al., 2006). A investigação demonstrou que os hotéis que abordaram as questões da gestão ambiental registaram benefícios significativos em termos de redução de custos e também melhoraram o desempenho global da organização (Mensah, 2006; Penny, 2007).

Além disso, a indústria hoteleira contribui significativamente para o ambiente e não existe qualquer exceção, pelo que as suas contribuições e responsabilidades para com o ambiente não devem ser ignoradas. A indústria hoteleira é composta por várias operações e departamentos mais pequenos que podem ter um efeito significativo no ambiente devido aos recursos que consomem. A implementação e a prática de práticas de gestão ambiental são essenciais para todas as operações de um hotel, uma vez que tal resultaria e conduziria a um maior desenvolvimento sustentável do sector.

Os impactos ambientais causados pela utilização não gerida da energia estão relacionados com diferentes sectores industriais. No caso do Nepal, o turismo é um dos sectores de crescimento mais rápido. O Nepal é o destino mais popular pelas suas atracções culturais e naturais. Um número crescente de turistas visita o Nepal todos os anos, trazendo rendimentos sustentáveis às empresas do sector do turismo. Este aumento do número de turistas tem sido positivo em termos de crescimento económico. No entanto, os efeitos são também negativos para o ambiente e o clima. Um elevado número de turistas equivale a um elevado consumo de energia. O aumento do número de hotéis no Nepal é uma indicação do crescimento do sector do turismo. O elevado número de hotéis consome uma grande quantidade de energia e as formas de produção e consumo de energia provocam emissões de gases com efeito de estufa que conduzem a alterações climáticas e ao aquecimento global, considerado o principal problema ambiental da atualidade. Não existem práticas eficientes de utilização de energia. A iluminação, a cozinha, o aquecimento, a lavandaria, a piscina, o entretenimento e o transporte são os tipos de utilização de energia e o ar condicionado, o equipamento de cozinha e a refrigeração são as áreas em que a maior parte da energia é consumida na maioria dos hotéis de luxo.

Durante o estudo, verificou-se um desconhecimento do padrão de consumo de energia, uma vez que nenhum dos hotéis estudados efectuou uma auditoria energética, que equipamento está a consumir quanta energia e como reduzir o consumo de petróleo, etc. A maioria não conhece a importância das práticas de eficiência energética e tem dúvidas sobre o período de retorno efetivo das tecnologias eficientes. Em alguns casos, a falta de vontade parece ser o principal problema para as práticas de eficiência energética também no sector hoteleiro. No Soltee Crown Plaza Kathmandu, a eletricidade representa 47%, o querosene 46% e o GPL 7% do consumo total de energia. Existe um potencial de poupança de 993, 420 kWh de eletricidade e 10kL de querosene, ou seja, 8,64% do atual consumo total de energia (TERI, 2000).

Atualmente, o Nepal está a sofrer uma grande crise energética. Existe uma grande diferença entre a oferta e a procura. O corte diário de energia entre as 10 e as 16 horas reflecte o pior cenário de abastecimento energético do nosso país. Durante o período de corte de energia, o sector hoteleiro também utiliza o gasóleo, o querosene, o GPL, etc. para a produção de eletricidade, a fim de satisfazer a sua procura de energia. Para além do ponto de vista ambiental e do ponto de vista económico, o consumo de petróleo é mais dispendioso do que o das tecnologias renováveis.

1.3 Problema específico:

O presente estudo tem como objetivo encontrar as seguintes preocupações de consumo de energia relacionadas com a eficiência energética e a emissão de GEE e a possível implementação de tecnologias renováveis na indústria hoteleira.

> Quais são as principais áreas de consumo de energia na indústria hoteleira?
> Que áreas (iluminação, equipamento de cozinha, ar condicionado, refrigeração, etc.) devem ser melhoradas em termos de poupança de energia?
> Em que domínio podem ser aplicadas as tecnologias renováveis?
> Qual é a quantidade de CO_2 equivalente emitida anualmente devido à utilização de petróleo pelos hotéis estudados?

CAPÍTULO: II

2. REVISÃO DE LITERATURA

A eficiência energética é a utilização de tecnologias que requerem menos energia para desempenhar a mesma função. A aplicação de medidas de eficiência energética às operações existentes e a introdução de instalações e processos eficientes em termos de energia e de efeito de estufa é uma forma de reduzir os custos, ajudar o ambiente e limitar os riscos. Estas medidas são coerentes com o funcionamento de uma instalação com uma eficiência óptima e uma produção máxima. A introdução de novas tecnologias, a melhoria dos processos e as alterações operacionais podem melhorar significativamente o desempenho. No entanto, sem processos de gestão eficazes, as melhorias não se materializarão ou não serão sustentadas (Crosbie Baulch, 2002).

Uma iluminação mais eficiente é obtida através da instalação de lâmpadas e balastros mais eficientes em luminárias mais eficientes. Uma mudança fácil consiste em substituir as lâmpadas incandescentes nos corredores por lâmpadas fluorescentes compactas. Nas instalações hoteleiras, as adaptações da iluminação devem ser efectuadas de forma a manter ou melhorar a estética e a satisfazer os hóspedes. As áreas dos bastidores devem manter uma iluminação que aumente a produtividade dos trabalhadores. Cada uma das áreas das instalações hoteleiras tem as suas próprias preocupações, pelo que a solução de iluminação ideal difere de uma área para outra. Uma lâmpada fluorescente compacta que consome menos energia do que uma lâmpada incandescente para produzir a mesma quantidade de luz é um exemplo de eficiência energética. A decisão de substituir uma lâmpada incandescente por uma fluorescente compacta é um exemplo de conservação de energia. A utilização de energia e as oportunidades de melhoria da eficiência para os hotéis e outras instalações hoteleiras estão intimamente relacionadas com a localização geográfica e a natureza das operações dentro da instalação. O clima é um fator importante, particularmente nos locais do norte e do sul, que registam temperaturas (e humidade) extremas (Rogers, 2002). O resto das poupanças resulta da otimização dos controlos de iluminação, que permitem acender as luzes apenas quando são necessárias. Os controlos da iluminação podem ser tão simples como a comutação manual e tão sofisticados como o controlo por computador.

Os alojamentos turísticos podem ter necessidades energéticas elevadas e dispendiosas, especialmente no que respeita aos sistemas de aquecimento e arrefecimento dos espaços. Os hotéis de todo o mundo estão a reconhecer oportunidades para implementar projectos de eficiência energética nos sistemas de aquecimento e arrefecimento de espaços. Por exemplo, o Hyatt Regency International Hotel na Nova Zelândia compreendeu que os hóspedes deixavam frequentemente os electrodomésticos e os sistemas de aquecimento e refrigeração ligados quando não estavam nos seus quartos (Alexander, 2002).

De acordo com o relatório apresentado por Eric Capodiece, *representante de vendas internas da* INNCOM International Inc., a energia é normalmente o segundo maior custo operacional de um hotel. A energia é, normalmente, o segundo maior custo operacional de um hotel. Quer o preço esteja a aumentar, a manter-se estável ou a diminuir, o impacto nas demonstrações financeiras é sempre significativo. Embora a gestão da utilização de energia seja imperativa, existe uma necessidade premente por parte dos hotéis de moderar os esforços de redução de custos com o desejo de acomodar e encantar os seus hóspedes. As soluções para o sector hoteleiro devem ser multifacetadas, abordando simultaneamente:

- Expectativas de conforto, segurança e satisfação dos hóspedes

- A necessidade de eficiência e fiabilidade da gestão hoteleira
- A necessidade dos hoteleiros de gerar lucros
- O desejo dos clientes de comprar a empresas socialmente responsáveis e a obrigação dos hoteleiros de serem sensíveis ao ambiente.

2.1 . Estudos de eficiência energética no Nepal

O padrão de consumo de energia em diferentes sectores do Nepal, incluindo a indústria hoteleira, foi estudado por investigadores e diferentes organizações. Também foram efectuados alguns estudos de eficiência e conservação de energia relativamente a determinados hotéis.

Em 2000, o Instituto de Energia e Recursos (TERI), em Deli, efectuou um estudo sobre a conservação de energia no Hotel Soltee Crown Plaza, em Katmandu, que mostra que o consumo total de energia na unidade comum do hotel é de aproximadamente 12 357 410 kWh/ano ou 33 856 kWh/dia. A eletricidade representa 47%, o querosene 46% e o GPL (gás de petróleo liquefeito) 7% do consumo total de energia. Existe um potencial de poupança de 993.420 kWh de eletricidade e 10kL de querosene, ou seja, 8,64% do atual consumo total de energia.

De acordo com o relatório preparado pelo Environment Setor Programme Support (ESPS), subcomponente Energia, em novembro de 2002 (Study of Energy Efficiency in Hotel Sherpa, Kathmandu), recomenda-se o dimensionamento ótimo e a substituição por motores de alta eficiência para as bombas de água de 3,5 kW e 2,2 kW, respetivamente, o que resultaria em poupanças de energia e melhoraria o fator de potência de funcionamento. Para além disso, haverá poupanças devido à redução das perdas na distribuição, à melhoria da eficiência dos motores e à melhoria da tensão final e da futura obrigação da Autoridade de Eletricidade do Nepal de manter o fator de potência das indústrias (ESPS, 2002).

O Ministério dos Abastecimentos, através de uma empresa pública como a Nepal Oil Corporation, é responsável pelo abastecimento de combustíveis fósseis no Nepal. O Ministério do Ambiente está a assumir um papel de liderança na promoção de energias alternativas, principalmente as fontes de energia renováveis. O Ministério das Florestas e da Conservação dos Solos ocupa-se do sector florestal, que é a principal fonte de energia do Nepal. O Nepal dispõe do Plano de Perspectivas Energéticas (1991-2017) e do Plano de Perspectivas para as Energias Renováveis (2000-2020), que estão a ser aplicados no sector da energia (ONU, 2002).

De acordo com Gaire, D., Suvedi, M. &Amatya, J., 2008, a quota-parte do Nepal nas alterações climáticas é insignificante. A população do Nepal é inferior a 0,4% da população mundial e é responsável por apenas cerca de 0,025% das emissões anuais de gases com efeito de estufa. No entanto, o Nepal é altamente vulnerável aos impactes das alterações climáticas (Gaire et al., 2008).

2.2 Emissão de GEE

O aumento da concentração de CO_2 na atmosfera torna mais espesso o "cobertor de efeito de estufa", o que faz com que demasiado calor fique retido na atmosfera terrestre. Este facto provoca o aquecimento global, que aumenta a temperatura global e provoca alterações climáticas. o CO_2 é o gás mais importante para causar o aquecimento global, incluindo outros gases como o metano (CH_4), o óxido nitroso (N_2O), o hexafluoreto de enxofre (SF_6), os perfluorocarbonetos (PFC) e os hidrofluorocarbonetos (HFC). Estes seis grupos são contabilizados no âmbito do Protocolo de Quioto. (UNFCC)

Em 1997, o Protocolo de Quioto foi redigido como uma alteração ao tratado da CQNUAC, com requisitos juridicamente vinculativos para todos os governos reduzirem as emissões de gases com efeito de estufa, com um prazo e oferecendo mecanismos para ajudar as nações a fazê-lo. Existem vários comités, organismos financeiros e organizações "observadoras" que estão envolvidos no Secretariado da CQNUAC e nas reuniões COP/MOP (CQNUAC, 2007). Alguns países não concordaram em assinar esta última emenda, que exige uma redução de 5% das emissões mundiais em relação aos níveis de 1990, em média, no período 2008-2012. Cada país tem objectivos de emissão específicos, e a UE tem um objetivo de 8% (distribuído entre os Estados-Membros). Os países signatários do Protocolo de Quioto (Partes) reúnem-se regularmente em MOPs (Meeting of the Parties) (The Grist 2007b). Em 2001, foram assinados os Acordos de Marraquexe, que se destinam a ser um manual de funcionamento do Protocolo de Quioto e dos seus mecanismos, uma vez que o funcionamento dos mecanismos não foi elaborado aquando da assinatura do Protocolo (UNFCCC 2007, sem data, Holmboe 2006).

Embora a quota-parte do Nepal nas emissões globais de gases com efeito de estufa seja muito pequena, ou seja, cerca de 0,025%, as consequências do aquecimento global e das alterações climáticas, como o recuo das linhas de neve, as inundações de lagos glaciares (GLOF) e as inundações repentinas, etc., ameaçam arrastar uma vasta área do país, o que poderá conduzir a graves catástrofes. De acordo com o estudo efectuado pelo Departamento de Hidrologia e Metrologia, a temperatura média do Nepal está a aumentar a um ritmo de aproximadamente 0,06 graus Celsius por ano.

A concentração de gases com efeito de estufa (GEE) na atmosfera, principalmente dióxido de carbono, ameaça ter graves impactos na produção de inundações, no ecossistema natural e na saúde humana. Os países industrializados e em rápida industrialização são a principal fonte de produção de gases com efeito de estufa, mas os países em desenvolvimento como o Nepal estão a sofrer os impactos da acumulação de GEE na atmosfera. O impacto no futuro será maior se a taxa de emissão de GEE se mantiver inalterada. Independentemente de qualquer acordo que abranja o segundo período de compromisso do Protocolo de Quioto, para além de 2012, para a estabilização do sistema climático da Terra, a atenuação das emissões de GEE dependerá em grande medida do desenvolvimento de várias tecnologias que são essencialmente de baixa intensidade de carbono e de emissão de outros GEE (TERI/IPCC).

A principal razão para o aumento das emissões de GEE para além da variabilidade natural das alterações climáticas é a atividade humana. Esta atividade, geralmente classificada como desenvolvimento económico, tem tido um impacto no equilíbrio do dióxido de carbono (CO_2) e de outros GEE na atmosfera desde o início da revolução industrial, aumentando assim o efeito de estufa existente ou engrossando o manto de gases na atmosfera. A questão das alterações climáticas pode ser classificada como uma falha de mercado à escala global. Nesta altura, a atmosfera é mais como a última lixeira do planeta e, infelizmente, em breve estará cheia até à sua capacidade máxima. Alguns dos gases com efeito de estufa, como o CO_2, podem durar, pelo menos, um século na atmosfera, pelo que, mesmo que os seres humanos deixem de emitir CO_2, continua a haver demasiado na atmosfera. Para resolver claramente o problema, é necessário internalizar as externalidades; por outras palavras, pagar pela utilização da atmosfera como recurso natural que absorve os GEE. Uma forma de o fazer é através da utilização de uma abordagem "cap-and-trade" para reduzir gradualmente o CO_2 que entra na atmosfera; outra é através da aplicação de um imposto sobre o CO_2. Qualquer uma destas abordagens impõe um custo ao CO_2. A nível global, a comunidade internacional adoptou o Protocolo de Quioto à UNFCCC.

O Protocolo de Quioto foi o primeiro tratado global a introduzir objectivos vinculativos de redução das emissões de GEE para as Partes do Anexo I. Estes objectivos são expressos em termos de quantidades atribuídas ou de emissões permitidas, que podem ser divididas em unidades de quantidade atribuída (UQA), semelhantes a licenças de poluição ou direitos de emissão. No primeiro período de compromisso, 2008-2012, as Partes do Anexo I devem reduzir os seus GEE para uma média de 5,2% abaixo dos níveis de 1990, conforme especificado no Anexo B. A ideia é que estes compromissos se tornem mais rigorosos ao longo do tempo, reduzindo assim ainda mais as emissões de GEE.

As emissões de GEE são normalmente comunicadas em termos de equivalente de CO_2 (CO_2 Eq.) para proporcionar uma unidade de medida comum e porque o CO_2 é o mais predominante de todos os GEE. Outros GEE são convertidos em equivalente de CO_2 com base no seu potencial de aquecimento global (PAG), por exemplo, pode estimar-se que 1 quilograma de outro GEE tem o mesmo efeito de forçamento radioativo que um número muito maior de quilogramas de CO_2.

A indústria hoteleira é composta por várias operações e departamentos mais pequenos que podem ter um efeito significativo no ambiente devido aos recursos que consomem. A implementação e a prática de práticas de gestão ambiental são essenciais para todas as operações de um hotel, uma vez que tal resultaria e conduziria a um maior desenvolvimento sustentável do sector (Ustad, 2010).

2.4 Diretrizes do IPCC

As orientações do IPCC fornecem uma metodologia normalizada para o cálculo das emissões de dióxido de carbono de diferentes actividades. As Diretrizes de 2006 constituem um avanço significativo na produção de estimativas nacionais de alta qualidade das emissões e remoções de gases com efeito de estufa. Baseiam-se em mais de 10 anos de trabalho de desenvolvimento de inventários pelo PIAC e na experiência adquirida com a utilização de orientações anteriores do PIAC. As Diretrizes Revistas do PIAC de 1996 para os Inventários Nacionais de Gases com Efeito de Estufa (Diretrizes Revistas de 1996), juntamente com os dois volumes sobre boas práticas de inventário, têm atualmente de ser utilizadas pelas chamadas Partes do "Anexo I" da Convenção-Quadro das Nações Unidas sobre Alterações Climáticas (CQNUAC). Todas as outras Partes na Convenção devem também utilizar as Diretrizes Revistas de 1996, sendo apenas encorajada a utilização do Guia de Boas Práticas. A CQNUAC está agora a considerar as novas Diretrizes de 2006 (IPCC, 2006 IPCC Guidelines for National Greenhouse Gas Inventories, 2006).

As diretrizes do Painel Intergovernamental sobre Alterações Climáticas (IPCC) para o cálculo dos inventários de emissões exigem a aplicação de um fator de oxidação ao teor de carbono para ter em conta uma pequena parte do combustível que não é oxidada em CO_2. Para todo o petróleo e produtos petrolíferos, o fator de oxidação utilizado é 0,99 (99% do carbono no combustível acaba por ser oxidado, enquanto 1% permanece não oxidado.

2.4 Sistema de gestão ambiental (SGA)

Um Sistema de Gestão Ambiental (SGA) é definido como "parte do sistema de gestão de uma organização utilizado para desenvolver e implementar a sua política ambiental e gerir os seus aspectos ambientais". O SGA é relevante para as empresas, uma vez que trata as questões ambientais de uma forma holística e incentiva a melhoria contínua do desempenho ambiental.

Devido à industrialização maciça ocorrida a partir de meados dos anos cinquenta, a comunidade mundial tem-se confrontado com uma variedade de poluições que estão regularmente a aumentar os diferentes componentes do ambiente. Partindo de uma filosofia diferente, como "a diluição é a solução para a poluição", adoptada durante os anos 60, foi ineficaz durante os anos 70, quando o volume era demasiado grande para a diluição e a adequação das capacidades de assimilação dos corpos receptores começou a ser tida em consideração, vários sistemas de tratamento "Tratamento de fim de linha (EOP)". Assim, o interesse internacional era grande nas questões ambientais, incluindo práticas de eficiência energética, e os esforços concentraram-se no desenvolvimento de uma estrutura legislativa e regulamentar no processo de planeamento do desenvolvimento industrial, juntamente com a aplicação através do desenvolvimento de novas tecnologias. Tendo em conta estas graves questões ambientais no sector industrial, a Organização Internacional de Normalização (ISO) concebeu e desenvolveu as normas ISO 14000, das quais a ISO 14001 é conhecida como Sistema de Gestão Ambiental (SGA).

O SGA é conhecido como um programa concebido para manter e melhorar o cumprimento dos requisitos ambientais, assegurando que os empregados e agentes da entidade regulamentada são suficientemente geridos, formados e motivados, assistidos e responsabilizados para prevenir, detetar e corrigir potenciais violações (Jay G. Martin e Jerald J Edgley, 1998).

2.4.1 Benefícios do SGA

Uma organização que tenha implementado um sistema de gestão ambiental pode obter vantagens competitivas significativas. Os benefícios associados a sistemas de gestão ambiental eficazes são benefícios relacionados com o desempenho ambiental, como a redução da carga poluente, a melhoria do desempenho ambiental, a conservação e a eficiência dos recursos, a sensibilização dos trabalhadores para as questões e responsabilidades ambientais e a conservação de materiais e energia. Os benefícios económicos incluem a redução de custos devido à conservação dos materiais, práticas de eficiência energética e outras medidas de minimização de resíduos, redução do prémio de seguro devido à redução do risco, redução da responsabilidade legal devido ao menor número de incidentes, aumento da eficiência e redução de custos. Os benefícios para o mercado incluem o reforço da imagem da empresa e da sua quota de mercado, a capacidade de explorar mercados estrangeiros ambientalmente cautelosos, a garantia aos clientes do seu empenho em demonstrar a gestão ambiental e a conquista de novos clientes ou mercados.

2.4.2 Algumas práticas de implementação do SGA em hotéis:

O Sistema de Gestão Ambiental (SGA), tal como acontece em todo o mundo, foi recentemente mais reconhecido no sector hoteleiro. Um sistema de gestão ambiental é uma forma de a gestão lidar com aspectos que têm impacto no ambiente. Permite a uma organização controlar o impacto das suas actividades, produtos ou serviços no ambiente natural (Chan, 2009). O SGA é uma ferramenta fiável e funcional que ajuda as organizações hoteleiras a atingir os seus objectivos ambientais (Tinsley & Pillay, 2006; Lakshmi, 2002; Meade & Pringle, 2001; Park, 2009). Alguns investigadores especificam ainda que a implementação de sistemas de gestão ambiental pode trazer benefícios para uma empresa não só em termos financeiros, mas também em termos de melhoria da imagem da empresa junto do público em geral e de outras partes interessadas (Kirk, 1995; Kirk, 1998; Mensah, 2006).

2.5 ISO 50001: Sistema de gestão da energia:

As normas ISO fornecem soluções e obtêm benefícios para quase todos os sectores de atividade, incluindo a agricultura, a construção, a engenharia mecânica, o fabrico, a distribuição, os transportes, os dispositivos médicos, as tecnologias da informação e da comunicação, o ambiente, a energia, a gestão da qualidade, a avaliação da conformidade e os serviços. A ISO 50001 Sistemas de gestão da energia - Requisitos com diretrizes de utilização; é uma norma internacional voluntária desenvolvida pela ISO (International Organization for Standardization). A ISO 50001 fornece às organizações os requisitos para os sistemas de gestão da energia (EnMS) (ISO, 2011).

A ISO 50001 baseia-se no modelo de sistema de gestão que já é compreendido e implementado por organizações em todo o mundo. Pode fazer uma diferença positiva para organizações de todos os tipos num futuro muito próximo, ao mesmo tempo que apoia os esforços a longo prazo para melhorar as tecnologias energéticas. A ISO 50001 fornecerá às organizações dos sectores público e privado estratégias de gestão para aumentar a eficiência energética, reduzir custos e melhorar o desempenho energético. A norma destina-se a fornecer às organizações um quadro reconhecido para a integração do desempenho energético nas suas práticas de gestão. As organizações multinacionais terão acesso a uma norma única e harmonizada para implementação em toda a organização, com uma metodologia lógica e consistente para identificar e implementar melhorias. O objetivo da norma é alcançar o seguinte:

> Ajudar as organizações a fazer uma melhor utilização dos seus activos consumidores de energia

> Criar transparência e facilitar a comunicação sobre a gestão dos recursos energéticos

> Promover as melhores práticas de gestão da energia e reforçar os bons comportamentos de gestão da energia

> Ajudar as instalações a avaliar e dar prioridade à implementação de novas tecnologias eficientes do ponto de vista energético

> Fornecer um quadro para a promoção da eficiência energética em toda a cadeia de abastecimento

> Facilitar melhorias na gestão da energia para projectos de redução das emissões de gases com efeito de estufa

> Permitir a integração com outros sistemas de gestão organizacional, tais como o ambiente, a saúde e a segurança.

Em particular, a ISO 50001 segue o processo Plan-Do-Check-Act para a melhoria contínua do sistema de gestão da energia. Estas caraterísticas permitem às organizações integrar agora a gestão da energia nos seus esforços globais para melhorar a qualidade, a gestão ambiental e outros desafios abordados pelos seus sistemas de gestão. A ISO 50001 fornece um quadro de requisitos que permite às organizações desenvolver uma política para uma utilização mais eficiente da energia, fixar metas e objectivos para cumprir a política, utilizar dados para melhor compreender e tomar decisões relativas à utilização e consumo de energia, medir os resultados, analisar a eficácia da política e melhorar continuamente a gestão da energia.

A ISO 50001 pode ser implementada individualmente ou integrada noutras normas de sistemas de gestão.

Tal como todas as normas de sistemas de gestão ISO, a ISO 50001 foi concebida para ser implementada por qualquer organização, independentemente da sua dimensão ou atividade, do sector público ou privado e da sua localização geográfica. A ISO 50001 não fixa objectivos para a melhoria do desempenho energético. Isso cabe à organização utilizadora ou às autoridades reguladoras. Embora a gestão da energia sempre tenha feito parte da norma de gestão ambiental ISO 14001, existem diferenças significativas que tornam o sistema de gestão da energia (SGE) ISO 50001 único. A ISO 50001 não se destina apenas a prevenir a não conformidade, mas a demonstrar a superioridade da sua empresa. Este EnMS estabelece objectivos para a melhoria do desempenho energético e analisa se estes foram alcançados com sucesso. Em contrapartida, assegura o desenvolvimento sustentável da empresa a longo prazo e a melhoria contínua através da utilização do ciclo "Planear-Fazer-Verificar-Atuar" (PDCA). Os sistemas de gestão da energia bem sucedidos requerem um forte envolvimento e liderança da gestão de topo; a nomeação de um representante do SGEE na gestão superior para gerir o sistema em toda a organização ajudaria na sua implementação e controlo (NSAI, 2011).

CAPÍTULO: III

3. JUSTIFICAÇÃO DO ESTUDO:

O desenvolvimento industrial e as consequências ambientais decorrentes desse tipo de desenvolvimento devem ser abordados mutuamente para conservar o ambiente e também para promover a economia. Para isso, as indústrias devem adotar uma abordagem eficaz para gerir o ambiente. Os melhores exemplos são a auditoria energética regular e a aplicação de um sistema de gestão ambiental (SGA). No Nepal, muito poucas indústrias hoteleiras implementaram e algumas mostraram interesse na implementação do SGA. No caso da auditoria energética, nenhum dos hotéis a está a fazer devido à falta de sensibilização e de vontade. Neste contexto, é essencial conhecer o padrão de consumo de energia, explorando as oportunidades de eficiência energética nas indústrias hoteleiras, bem como explorar a essencialidade da implementação do SGA para manter um ambiente mais limpo e saudável no sector da hotelaria. Assim, a investigação ajudará os proprietários de hotéis e as partes interessadas a compreender a importância das práticas de eficiência energética e a entender o seu significado. O padrão de consumo de energia na indústria do turismo em relação à eficiência energética, especialmente no sector hoteleiro, ainda não foi devidamente estudado no Nepal. O estudo de conservação de energia realizado em 2000 no Soltee Crown Plaza Hotel, em Katmandu, pelo The Energy and Resources Institute, em Deli, não é suficiente para representar o cenário energético de todo o sector hoteleiro. As operações turísticas têm um impacto direto no ambiente. O sector hoteleiro consome uma grande quantidade de energia e gera um volume significativo de emissões (UNEP, 1998). A utilização eficiente da energia ou as práticas de conservação de energia com a aplicação de tecnologia renovável e eficiente ajudam a reduzir as emissões e a aumentar uma hospitalidade mais limpa. Os proprietários de hotéis, os decisores e os consumidores ainda não estão conscientes dos impactos ambientais das actuais práticas de utilização de energia e dos resultados positivos da eficiência energética.

Este estudo é realizado em hotéis de 3 estrelas para visualizar o seu cenário de consumo de energia, práticas eficientes de utilização de energia e a sua contribuição para a redução de GEE, juntamente com a aplicação de recursos energéticos renováveis em vez de gasoleo, querosene e GPL. No total, existem 24 hotéis de três estrelas em Katmandu registados no Nepal Tourism Board (http/:www.hotelnepal.com). Cinco dos 24 foram selecionados como hotéis da amostra. Os hotéis de 3 estrelas foram selecionados para o estudo porque os hotéis de 3 estrelas são mais acessíveis para os turistas nacionais e estrangeiros devido ao seu preço acessível em comparação com os hotéis de 5 ou 4 estrelas e serão mais representativos do conjunto dos hotéis do país. Por conseguinte, este estudo de investigação constituirá uma base de dados sólida para os planeadores, as partes interessadas e os decisores para a tomada de decisões sobre programas de gestão energética e ambiental associados à indústria hoteleira.

CAPÍTULO: IV

4. OBJECTIVO DO ESTUDO

4.1 Objetivo geral:

O objetivo geral deste estudo é descobrir as oportunidades de eficiência energética e a sua contribuição para a redução das emissões de GEE e sugerir a implementação do Sistema de Gestão Ambiental (SGA) para uma hospitalidade mais limpa e amiga do ambiente.

4.2 Objetivo específico:

Os objectivos específicos do estudo são:

- Quantificar o consumo total de energia nos hotéis de 3 estrelas de Katmandu.
- Quantificar a poupança total de energia através da instalação de tecnologias eficientes.
- Estimar a redução total de GEE através da avaliação das emissões totais de GEE provenientes de produtos petrolíferos, utilizando as diretrizes do IPCC para a estimativa das emissões de GEE.
- Recomendar a implementação da norma ISO 14001: EMS para uma melhor gestão ambiental nos hotéis.

CAPÍTULO: V

5. ÂMBITO E LIMITAÇÕES DO ESTUDO

5.1 Âmbito do estudo:

- Este estudo aborda os benefícios da utilização eficiente da energia e a sua contribuição para um ambiente seguro.
- Este estudo dá prioridade à instalação de equipamentos e práticas energeticamente eficientes e estima a sua contribuição para a poupança de energia e para a redução dos gases com efeito de estufa.
- O estudo irá descobrir a necessidade de um sistema de gestão ambiental e de um programa de gestão responsável da energia para uma melhor hospitalidade, explorando o cenário geral do consumo de energia.
- O estudo centra-se na eficiência energética com a substituição de tecnologias antigas e de elevado consumo de energia por tecnologias novas e eficientes e a substituição do petróleo (gasóleo, querosene e GPL, etc.) por possíveis tecnologias renováveis, incluindo tecnologias energéticas de biomassa, como os bio-briquetes.

5.2 Limitações do estudo:

Com base no tempo e nos recursos disponíveis, as limitações do estudo foram as seguintes:

5.2.1 Limitação da investigação:

Durante a recolha de dados, em alguns casos o inquirido não conseguiu dedicar tempo suficiente à investigação, pelo que, em alguns casos, os dados necessários para atingir o objetivo da investigação não foram suficientes. Devido à indisponibilidade de registos do preço da tecnologia mais antiga, foi difícil calcular o período de retorno do investimento após a instalação da tecnologia nova e eficiente.

5.2.2 Limitação comparativa

Não há muitas indústrias hoteleiras que adoptem práticas de eficiência energética e apenas alguns hotéis implementaram tecnologias renováveis. De igual modo, também não existem hotéis que tenham implementado o SGA. Por conseguinte, não existe uma base comparativa para este estudo.

CAPÍTULO: VI

6. MATERIAIS E MÉTODOS

6.1 Conceção da investigação

Para atingir os objectivos acima referidos, a investigação tem uma abordagem qualitativa e quantitativa baseada em dados empíricos e na literatura. Os dados primários e secundários foram recolhidos através de um inquérito por questionário, observação direta e entrevistas.

6.2 Seleção da área de investigação

O estudo foi efectuado em hotéis de 3 estrelas de Katmandu. Os nomes dos hotéis estudados são Grand Hotel Pvt. Ltd., Hotel Marshyangdi Pvt. Ltd., Club Himalaya Nagarkot Resort Pvt. Ltd. e Thamel Eco-Resort Pvt. Ltd. Os hotéis de 3 estrelas são selecionados porque são em maior número e o estudo neste tipo de hotéis é mais representativo para todo o país. Os hotéis de 3 estrelas são mais acessíveis a um maior número de pessoas devido ao seu preço acessível em comparação com os hotéis de 5 ou 4 estrelas, pelo que devem ter uma hospitalidade limpa e ser mais eficientes no consumo de energia.

Descrição dos hotéis

6.2.1 Hotel Grnad:

Grand Hotel localizado no Red-Cross Marg-Tahachal; Nepal está em operação desde 1995. Este hotel é operado como um hotel de 3 estrelas com funcionários bem treinados para apoiar os seus serviços privilegiados. O hotel é um edifício moderno de 9 andares com um toque de interior tradicional. Tem uma área total de 6 ropani e tem 91 quartos (7 suites e 85 standards) que têm 173 camas de hóspedes. Tem duas salas de conferências com capacidade para 150 e 75 pessoas. O consumo de eletricidade é muito elevado devido ao antigo sistema de refrigeração e de ar condicionado. Ainda não há qualquer utilização de energias renováveis.

6.2.2 Hotel Marshayandi:

Hotel Marshayandi um hotel de 3 estrelas de Thamel, Kathmandu está em funcionamento desde 1990 outubro 10. A área total de 3 ropani é coberta por este hotel. 60% da área total é coberta por um belo edifício de 5 andares com um toque de design de interiores tradicional. Tem um número total de 75 quartos de hóspedes (45 deluxe, 30 standard) com 80 camas de hóspedes. Como hotel de luxo de 3 estrelas, tem 210 (incluindo 65 funcionários a tempo inteiro) funcionários bem treinados para apoiar os seus serviços privilegiados. A sala do palácio Patala é o nome da sala de conferências com capacidade para 120 pessoas e tem uma nova sala de conferências com capacidade para 75 pessoas. 14000 é o número aproximado de turistas visitados anualmente. O sistema de aquecimento solar de água é apenas um tipo de energia renovável utilizado no hotel, com 40 painéis de 5000 L de capacidade.

6.2.3 Club Himalaya Nagarkot Resort:

O Club Himalaya Nagarkot Resort está localizado num dos famosos destinos turísticos, Nagarkot, uma colina ventosa do distrito de Bhaktapur. Ele está localizado na altitude de 7200 pés. Fica perto de Bhaktapur e Changu Narayan, património mundial da UNESCO, bem como da cidade histórica de Sankhu. Dispõe de quartos deluxe e standard com 24 quartos deluxe e 44 quartos standard com um total de 110 camas. **Bhaktapur, Madhyapur, Lalitpur e Kirtipur** são os nomes das salas de conferências com capacidade para 120, 20, 90 e 20 pessoas. A energia eólica foi instalada há 10 anos, mas não está a funcionar devido à sua menor eficácia.

Para além disso, não está a ser utilizado qualquer outro tipo de energia renovável nesta estância.

6.2.4 Thamel Eco Resort:

Um resort padrão de 3 estrelas recentemente estabelecido está localizado em Thamel, o coração de Katmandu. Este hotel está a funcionar desde 2010. O hotel fica a apenas 30 minutos de distância do aeroporto internacional. Foi criado com o conceito de turismo ecológico. O resort tem um edifício de 5 andares com 40 quartos standard com 60 camas de hóspedes. Cerca de 3500 turistas ficam neste hotel. O aquecimento solar da água é a única tecnologia renovável utilizada, com uma capacidade instalada de 1000 L com 8 painéis.

6.3 Recolha de dados primários da visita de campo

Os dados e informações primários foram recolhidos com a ajuda de um questionário estruturado para entrevistar o empresário e outros inquiridos, tendo sido também efectuada uma visita ao local com inspeção visual. Os hotéis foram visitados para recolher os dados e as informações necessárias para a análise da investigação. Os métodos de recolha de dados foram os seguintes

6.3.1 Observação direta

Na primeira fase da recolha de dados, foi feita uma observação direta para compreender o tipo básico de consumo de energia nos hotéis. Foram observados os principais tipos de consumo de energia, como a eletricidade da rede, o gasóleo, a gasolina e o GFL e a utilização de energia por sector.

6.3.2 Entrevistas e debates informais

Foram realizadas entrevistas informais e discussões de grupo para conhecer as actuais práticas de gestão da energia e as práticas de gestão ambiental nos hotéis.

6.3.3 Estudo de mercado

Foi realizado um estudo de mercado para determinar o preço de mercado dos aparelhos eléctricos, como as lâmpadas fluorescentes compactas, as lâmpadas LED e as centrais solares, etc.

Quadro 2: Preço de mercado de diferentes aparelhos

Nome dos aparelhos	Quantidade	Preço de mercado (NRs)
Lâmpada CFL	1pc(9w)	Cerca de 250
LED	1pc(3w)	500-600
Aquecedor solar de água	400 litros	48000
Energia solar fotovoltaica	120 watts	70000

Fonte: Inquérito de campo: 2012

6.3.4 Revisão da literatura

Foi efectuado um estudo documental para analisar os documentos, a literatura e os trabalhos anteriores no domínio das estatísticas do sector hoteleiro, das políticas ambientais relacionadas com a indústria hoteleira, das práticas de implementação do SGA e do SGA no sector hoteleiro, das práticas de eficiência energética e do padrão de consumo do sector hoteleiro, das emissões de GEE do sector industrial e da avaliação das emissões de GEE para o consumo de produtos petrolíferos. Foi feito para uma melhor compreensão do assunto e para uma avaliação eficaz do trabalho de investigação. Foram analisados vários documentos publicados e não publicados, tais como documentos de projeto, relatório de tese, literatura e livros de publicação, revistas e meios electrónicos, com vista a recolher informações adicionais.

6.3.5 *Interpretação e análise de dados*

Após a recolha de toda a informação necessária para este estudo, os dados numéricos foram codificados e introduzidos no computador depois de organizados sequencialmente em tabelas e categorizados. Os dados de campo foram analisados utilizando o MS-Excel com outras ferramentas estatísticas relevantes e necessárias, como gráficos de pizza, diagramas de barras e gráficos de dispersão, etc., sempre que aplicável.

O IER e a análise relacionada foram executados com a informação recolhida, que inclui as actuais práticas e operações de gestão de energia e os aspectos ambientais do consumo de energia no hotel. Para estimar a redução total de GEE através da avaliação das emissões totais de GEE provenientes da utilização de produtos petrolíferos, foi utilizada a diretriz do IPCC para os inventários de gases com efeito de estufa.

Por exemplo, 1 kg de consumo de GPL é equivalente a 3,5209 kg de CO_2 equivalente (IPCC, 1996) e (Smith, 1999).

Conceito de método de conversão de emissões de CO_2:		
$C + O_2$	=	CO_2
1232	=	44
1kg de C	=	44/12= 3,67 kg
Exemplo: Para o gasóleo Teor de carbono = 0,87 kg/litro		
Assim, o teor de CO_2 em 1 litro de gasóleo	=	$3,67 \times 0,87 = 3,19$ kg

6.3.   6*Preparação do projeto de   relatório*

A compilação dos dados, a codificação e o projeto de relatório foram preparados e apresentados ao orientador da investigação, para comentários e sugestões, e a outras pessoas interessadas.

6.3.   7*Preparação e apresentação do relatório final*

Depois de incorporar os comentários e sugestões recebidos dos conselheiros, foi elaborado o relatório final de investigação com os resultados da investigação, as conclusões e as recomendações.

CAPITÃO: VII

7. RESULTADOS E DISCUSSÃO

7.1 Padrão de consumo de energia com base no tipo de utilização:

Os principais tipos de fontes de energia utilizados nos hotéis estudados, com base no tipo de utilização, são os seguintes

1. Eletricidade da rede - O fornecimento de eletricidade da rede é a principal fonte de energia para satisfazer a procura de eletricidade.

2. Gasóleo - para os grupos electrogéneos gerarem eletricidade, a fim de satisfazer a procura de eletricidade durante o corte de carga e também para fins de transporte e no Grand Hotel Pvt. Ltd. há uma caldeira a gasóleo para aquecimento de água com uma capacidade de 650 litros.

3. Petróleo - Principal tipo de fonte de energia utilizada para fins de transporte.

4. Gás de petróleo liquefeito (GPL) - Todos os hotéis estudados utilizam GPL para cozinhar.

5. Carvão - É utilizado em alguns hotéis para cozinhar e aquecer.

6. Solar (Aquecimento solar de água - Sistema de água quente sanitária - DHWS) - Para aquecimento de água

7. Briquetes biológicos- É utilizado por vezes no Grand Hotel Pvt. Ltd. para aquecimento de água em pequenas quantidades.

8. Lenha: Apenas o Grand Hotel Pvt. Ltd. a utiliza para cozinhar e aquecer.

Quadro 3: Consumo de energia: Por tipo de fonte de energia utilizada

S.N	Fontes de energia	Tipo de utilização							
		Iluminação	Aquecimento	Ar condicionado e ventilação	Entretenimento	Transporte	Cozinhar	Lavandaria	Piscina
1.	Grelha Eletricidade	∧	∧	∧	∧		∧	∧	∧
2.	Gasóleo	∧	∧	∧	∧	∧			
3.	Gasolina					∧			
4.	GPL						∧		
5.	Carvão		∧				∧		
6.	Solar		∧						
7.	Biobriquettes		∧						
8.	Lenha		∧				∧		

Fonte: Inquérito de campo 2012

7.2 Consumo de energia: Factos e números

Como mencionado acima na tabela 1, existem 5 tipos de fontes de energia em uso, exceto o uso limitado de energia renovável como solar, bio-briquetes e lenha. No consumo total de energia, o gasóleo é a principal fonte de utilização, que representa cerca de 48% do custo total de energia, a eletricidade da rede da NEA representa cerca de 37%, a gasolina representa cerca de 5%, o GPL representa cerca de 10% e a percentagem de carvão é muito pequena, ou seja, 0,38%.

Quadro 4: Quota das principais fontes de energia no consumo total de energia

Tipo de energia	Quantidade utilizada em termos de custo (NRs)/Mês	Percentagem de **acções**
Grelha Eletricidade	1065000	36.4138
Gasóleo	1408925	48.17307
Gasolina	150000	**5**.128705
Carvão	11200	0.382943
GPL	289590	9.901478
Total	2924715	100

Fonte: Inquérito de campo 2012

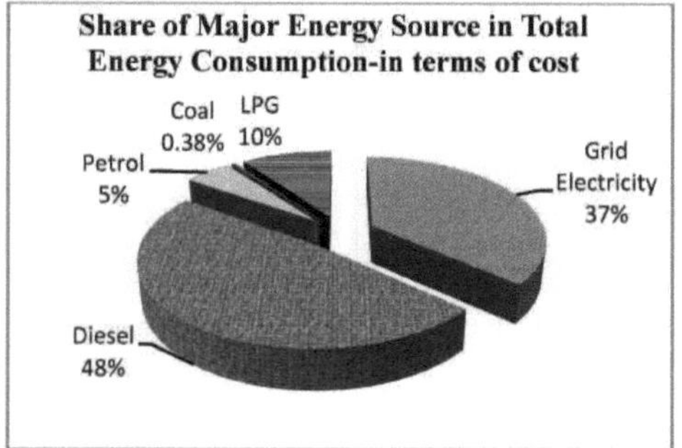

Figura 2: Percentagem das principais fontes de energia no consumo total de energia em termos de custo

O quadro e **a figura acima mostram claramente** que o gasóleo é a principal fonte de energia nos hotéis de **3** estrelas de Katmandu, apesar **de** haver fornecimento de eletricidade pela rede, o gasóleo **é o** principal tipo **de fonte de** energia, mesmo **para a produção de eletricidade. A principal razão para tal deve-se ao facto de** o abastecimento de eletricidade **da rede NEA ser pior; há cortes de energia diários de 10 a 16** horas. **Podemos** considerar outros tipos **de consumo como a** gasolina, **o GPL e o carvão como normais em comparação com o** consumo de **gasóleo.**

7.2.1 Consumo de energia comparativo

Durante o estudo, verificou-se que cada hotel tem um tipo diferente de padrão de consumo de energia, de acordo com a sua capacidade e estilo de consumo de energia. Entre os quatro hotéis estudados, o Club Himalaya Nagarkot foi considerado o que consome mais energia e o Thamel Eco- Resort o que consome menos energia. O Grand Hotel e o Hotel Marshyangdi utilizam gasolina para o transporte e carvão para o aquecimento e para cozinhar. O Grand Hotel paga 420000 rupias por mês pela eletricidade, enquanto o Club Himalaya Nagarkot Resort paga apenas 200000 rupias por mês, mas o custo total da energia do Club Himalaya Nagarkot Resort é superior ao do Grand Hotel, porque o Club Himalaya utiliza uma grande quantidade de gasóleo e de garrafas de GPL, ou seja, 6575lit/mês e 89 garrafas por mês, em comparação com 4000lit/mês e 40 garrafas/mês.

Tabela 5: Consumo de energia por hotel

Nome do hotel	Unidade de cidade eléctrica/ Mês	Custo da eletricidade/mês	Gasóleo utilizado (litro)/mês	Custo co gasóleo.mês	Gasolina Quantidade (litros /mês)	Custo da gasolina/ mês	Cilindro de GPL/ Mont h	Custo do GPL/ Mês	Carvão (Kg)/mês	Custo do carvão/mês
Grande Hotel	42000	420000	4000	388000	700	87500	40	58800	250	8000
Hotel Marshy angdi	37500	375000	3600	349200	500	62500	56	82320	100	3200
Thamel EcoResort	7000	70000	350	33950	0	0	12	17640	0	0
Club Himalay a	20000	200000	6575	637775	0	0	89	130830	0	0

Fonte: Inquérito de campo 2012

7.2.1.1 Tendência do consumo de energia: Grand Hotel Pvt. Ltd.

Grand Hotel com 91 quartos de hóspedes (com 173 camas de hóspedes) é um dos hotéis de 3 estrelas economicamente bom funcionamento. Tem uma ocupação média de 85%. Este hotel está a pagar NRs 420000/mês pela eletricidade da rede da NEA. No total, há 30 tipos de aparelhos eléctricos utilizados no hotel em diferentes áreas de consumo. O principal aparelho consumidor de eletricidade utilizado no hotel é o sistema de refrigeração. Verificou-se que o hotel utiliza 7 congeladores de 1,18 kW e 91 congeladores normais com uma capacidade de 0,9 kW. Funciona cerca de 16 horas por dia. No consumo total de eletricidade, o sistema de refrigeração consome 54% (figura 3).

A segunda área com maior consumo de eletricidade é o ar condicionado. Verificou-se que o hotel utiliza 5 sistemas de refrigeração centralizados e 6 sistemas de refrigeração individuais. 5 sistemas de refrigeração centralizados circulam em 87 quartos de hóspedes e 6 sistemas de refrigeração individuais estão instalados em 4 quartos de hóspedes, no átrio e na sala de conferências. No total, contribuem com cerca de 18% do consumo de eletricidade. Isto significa que o sistema de arrefecimento do ar consome cerca de 840 unidades (kWh) de eletricidade por dia (Tabela 5).

Os elevadores e as instalações de refrigeração são a terceira e quarta áreas de maior consumo de eletricidade, consumindo cerca de 8% e 6% da eletricidade, respetivamente. Existem três elevadores com uma capacidade de consumo de 5 kW que funcionam durante 6 horas/dia. Havia uma antiga unidade de refrigeração para arrefecimento de água, com uma capacidade de consumo de 97 kW, mas não está atualmente em funcionamento. A antiga unidade de refrigeração foi substituída por uma nova unidade de refrigeração com uma capacidade de consumo de 24,2 kW.

Quadro 6: Evolução do consumo de eletricidade - Grand Hotel

Área de consumo	Unidade de consumo/dia
Cozinha	145
Iluminação	38.8
Ar condicionado	840
Bombagem de água	16.08
TVs/computador/impressora/projetor	34.48
Refrigeração	594.4
Outros	10
Total	1678,76 kWh

Fonte: Inquérito de campo 2012

O hotel tem a sua própria estação de extração de água subterrânea. Para a extração, o hotel utiliza quatro motores eléctricos com uma capacidade de consumo de 1,12 kW cada, que funcionam 4 horas por dia. Assim, a bombagem de água contribui com 4% do consumo total. As áreas de entretenimento, como o computador, a televisão, etc., representam menos de 1% do consumo total, enquanto a quota da iluminação também é baixa, ou seja, 3%. Verificou-se que o equipamento elétrico da cozinha contribui, no total, com cerca de 4%. O equipamento de cozinha inclui forno, micro-ondas, exaustor de cozinha, misturadora, pequena caldeira de água, etc.

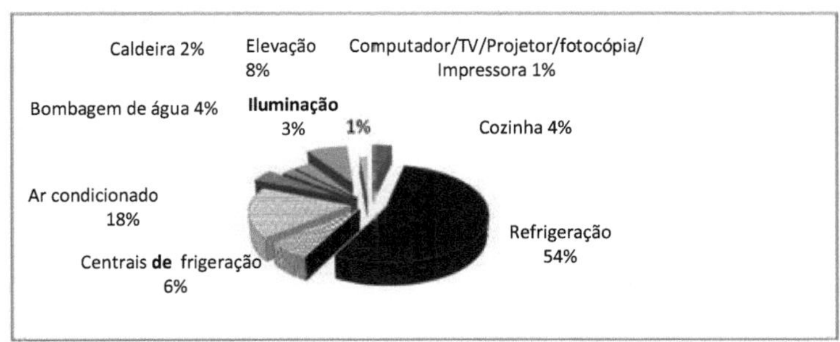

Figura 3: Tendência do consumo de eletricidade - Grand Hotel Pvt. Ltd

O combustível é utilizado nas caldeiras para produzir água quente. Está a ser utilizada uma caldeira a gasóleo com capacidade de 650 litros para o aquecimento da água. A água quente é utilizada para o abastecimento de água quente sanitária. Os refrigeradores fornecem ar quente e frio à área dos hóspedes, dependendo das condições meteorológicas. O GPL é a principal fonte de energia para a cozinha. Neste hotel, são utilizadas cerca de 40 garrafas de GPL por mês. O GPL é utilizado principalmente para cozinhar, como o aquecimento de todos os fogões e fornos. Alguns dos equipamentos de cozinha funcionam com eletricidade.

Consumo de eletricidade por ocupação:

De acordo com a informação fornecida, o consumo de eletricidade está provavelmente correlacionado com a unidade de eletricidade e o custo da eletricidade. Tabela 6: mostra o consumo de eletricidade do hotel de acordo com a ocupação.

Tabela 7: Evolução do consumo de eletricidade por ocupação - Grand Hotel

Mês	Ocupação	Unidade de Eletricidade/Mês	Fatura de eletricidade (NRs/Mês)
maio/junho	69%	38924	389240
julho/agosto	90%	41120	411200
agosto/setembro	98%	41700	417000

Fonte: Inquérito de campo 2012

Cálculo:

Ao calcular a correlação entre a ocupação e o custo total da eletricidade da rede, verificou-se que existe uma correlação positiva, ou seja, 0,997482. É evidente que um número elevado de hóspedes consome uma quantidade elevada de eletricidade.

7.2.1.2 Tendência do consumo de energia: Hotel Marshyangdi Pvt. Ltd.

O Hotel Marshyangdi é um hotel de 3 estrelas em pleno funcionamento. Para efeitos de descrição e tendência de consumo de energia, o hotel pode ser dividido em área de utilização dos hóspedes, área de utilização do hotel e utilidades.

A área de utilizador convidado é composta por:

> 75 quartos de hóspedes (45 Deluxe e 30 standard)

> Restaurante

> Átrio e outras áreas funcionais

> Sala de conferências

Todas estas áreas consomem energia sob a forma de iluminação, aquecimento e refrigeração, água quente para uso doméstico, lavandaria, ventilação e entretenimento, etc.

A área de utilização do hotel é constituída por:

> Cozinha principal

> Receção

> Administração

Na cozinha, a energia é utilizada sob a forma de GPL (56 garrafas/mês) para fornecer calor aos fogões e ao forno, a eletricidade é utilizada para os diferentes equipamentos de mistura, câmaras frigoríficas e frigoríficos, iluminação e ventilação. A água quente é utilizada na máquina de lavar loiça para a lavagem. Na cozinha principal, todos os fornos são eléctricos. A eletricidade é utilizada para alimentar os motores das máquinas, os compressores de ar, a iluminação e a ventilação. Cerca de 5% da eletricidade é consumida na cozinha.

Os serviços públicos consistem em:

> Dois conjuntos de DG com capacidade de 62,5 e 20KVA

> 1 transformador de 300 KVA

> 3 tipos de corrente alternada (1 tonelada, 2 toneladas e 4 toneladas) de capacidade de consumo 3,5, 6 kW e 9 kW

> Refrigeração (6 frigoríficos com capacidade de 5 kW)

> Bombagem de água para abastecimento de água quente, sistema solar de água quente doméstica.

A secção de Utilidades pode ser considerada como a parte que mais consome energia, uma vez que consome a maior parte da eletricidade. O gasóleo é utilizado no conjunto de DG para produzir eletricidade quando a rede regular de abastecimento, a energia da NEA, falha e durante os períodos de pico da noite. O mapa detalhado do consumo elétrico é apresentado abaixo.

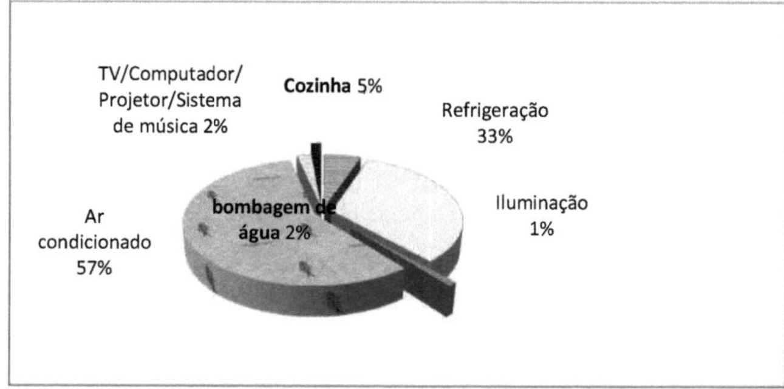

Figura 4: Tendência do consumo de eletricidade - Hotel Marshyangdi

Figura 4: Mostra que a eletricidade é consumida principalmente pela unidade de ar condicionado, pelo que a poupança no AC seria significativa para o hotel através de um novo e eficiente sistema de circulação de água do AC. Além disso, a refrigeração, a bombagem de água da cozinha, etc., constituem outras cargas eléctricas importantes.

A razão subjacente ao elevado consumo (57%) de eletricidade no ar condicionado é a existência de três tipos de AC separados (1 Ton, 2 Ton e 4 Ton), com uma capacidade de consumo de 3,5, 6 e 9 kW e que funcionam em média 3 horas/dia. A refrigeração consome cerca de 33% da eletricidade, o que também pode ser considerado um consumo elevado. O hotel utiliza 6 frigoríficos com uma capacidade de consumo de 5 kW, que funcionam quase 24 horas por dia. Seria vantajoso para o hotel instalar frigoríficos novos e eficientes.

Consumo de eletricidade por ocupação

De acordo com as informações fornecidas, o consumo de eletricidade está positivamente correlacionado com a unidade de eletricidade e o custo da eletricidade. Os meses de maio e junho são a época baixa, com uma ocupação de 50%, e os meses de setembro e outubro são a época alta, com uma ocupação de cerca de 90%. O quadro 7 mostra o consumo de eletricidade do hotel em função da ocupação.

Tabela 8: Consumo de eletricidade por ocupação - Hotel Marshyangdi

Mês	Ocupação	Unidade de eletricidade/mês	Fatura de eletricidade NRs/mês
maio/junho	50%	22400	224000
julho/agosto	70%	29700	297000
setembro/outubro	90%	38791	387910

Fonte: Inquérito de Campo2012

Cálculo:

A correlação entre o consumo de eletricidade e a ocupação é positiva, ou seja, 0,998. Isto significa que no hotel Marshyangdi, tal como no Grand Hotel, podemos dizer que um número elevado de turistas consome uma quantidade elevada de eletricidade.

7.2.1.4 Tendência do consumo de eletricidade: Thamel Eco Resort Pvt. Ltd

O Thamel Eco- Resort é um hotel de 3 estrelas recentemente criado. É um hotel pequeno em comparação com outros hotéis estudados. Tem apenas 40 quartos com 60 camas de hóspedes e 34 funcionários a tempo inteiro. Esta estância também pode ser dividida em três partes para o estudo do consumo de energia.

A área de utilizador convidado é composta por

> 40 quartos de hóspedes - todos são quartos standard
> Restaurante e bar
> Jardim
> Átrio e outras áreas funcionais
> Sala de conferências

A iluminação, o aquecimento, a utilização da água, a ventilação, os exaustores, os ventiladores de teto, o entretenimento (sistema de música, televisão, computador com Internet), etc. consomem energia na área de utilização dos hóspedes.

A área de utilização do hotel é composta por

> Cozinha

> Área administrativa

> Receção

O GPL é a principal fonte de energia na cozinha. É utilizado para cozinhar. Quase todos os fogões e fornos são aquecidos a GPL. Em média, são consumidas 12 garrafas de GPL por mês. Placas de aquecimento, aquecedores, misturadoras, fornos de micro-ondas, etc. são os equipamentos que consomem eletricidade na cozinha. Este **empreendimento utiliza também 3 fornos eléctricos. A cozinha contribui** em 20% para o consumo total de eletricidade neste hotel.

Os serviços públicos consistem em

> Conjunto DS -1 de 15KVA

> **Ar condicionado** (27 **AC** com **capacidade** de consumo **de 0,8kW**)

> Refrigeração (2 refrigeradores e 1 frigorífico)

> Ventiladores de exaustão

> Bombagem de água, etc.

A maior parte da **energia é consumida nesta secção de serviços públicos mas, tal como os hotéis acima** referidos, **o Thamel Eco Resort não utiliza transformadores porque** o abastecimento **direto da rede é suficiente para satisfazer as suas necessidades de carga. Aqui, o gasóleo é utilizado no conjunto de GD** com capacidade de **15 KVA,** para produzir **eletricidade durante o período de** redução **de carga.**

A bombagem de água para o abastecimento de água através de um aquecedor **solar** também **consome** eletricidade **em certa medida. Os aparelhos de ar condicionado, os frigoríficos** e os exaustores **consomem muita** eletricidade. A figura 4 apresenta os pormenores do **consumo** de eletricidade do Thamel **Eco** Resort.

A Figura 5 **mostra que a tendência de consumo no Thamel Eco** Resort é **diferente da dos** outros **hotéis estudados. Isto deve-se principalmente aos seus equipamentos novos e eficientes e ao** grupo eletrogéneo de **pequena** capacidade. Mas **estão a planear instalar outro gerador de 60KVA de** capacidade para satisfazer **a procura de** carga **na época de inverno, porque no inverno a hora de** corte **de carga é superior a** 10 horas por dia **no Nepal. Esta figura mostra também que o ar condicionado,** a refrigeração **e a cozinha** são as **principais áreas de consumo de eletricidade. 31% da** eletricidade é consumida **pelos** aparelhos **de ar** condicionado. **Neste caso, estão em** funcionamento **27 unidades de ar condicionado com uma capacidade de consumo de 0,8 kW,** que **funcionam** cerca de 5 horas por dia.

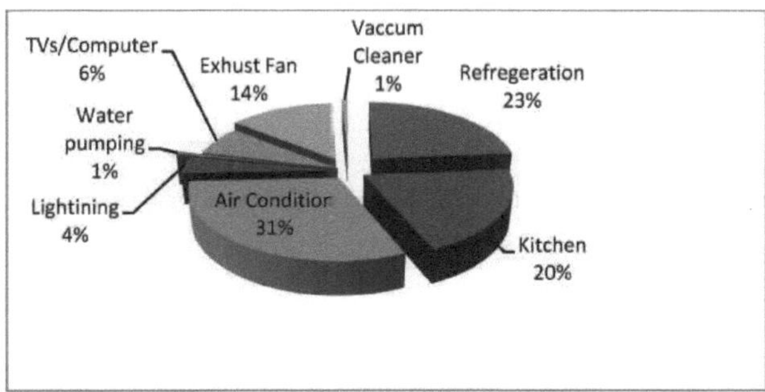

Figura 5: Tendência do consumo de eletricidade -Thamel Eco Resort

Cálculo:

O Thamel Eco Resort está a funcionar bem desde o seu início. Geralmente, a sua ocupação é baixa em junho/julho, que também é chamada de época baixa no turismo nepalês. Neste mês, a ocupação é de cerca de 45%. julho/agosto é um mês de negócios médio com uma ocupação de 70% e setembro/outubro é a estação do turismo com uma ocupação de 90%.

Tabela 9: Consumo de eletricidade por ocupação - Thamel Eco Resort

Mês	Ocupação	Unidade de eletricidade	Fatura da eletricidade NRs/Mês
junho/julho	45%	6423	64230
julho/agosto	70%	7232	72320
setembro/outubro	90%	7587	75870

Fonte: Inquérito de campo 2012

O cálculo é feito para a correlação entre a unidade de eletricidade e o custo com a ocupação. Verificou-se que é a mesma coisa que noutros hotéis estudados. Ou seja, a ocupação está positivamente e altamente correlacionada com o consumo de eletricidade, isto é, 0,987. Isto significa que o consumo de energia aumenta com o aumento do número de hóspedes.

7.2.1.5 Tendência do consumo de energia: Club Himalaya Nagarkot Resort Pvt. Ltd.

O resort está a funcionar como um hotel standard de 3 estrelas com instalações de luxo e standard. Tal como noutros hotéis, este hotel também pode ser dividido em três partes para o estudo do consumo de energia.

Área de utilizador convidado

> 68 quartos de hóspedes (24 deluxe e 44 standard com um total de 110 camas)

> Restaurante e bar

> Átrio e outras áreas funcionais

> Salas de conferência

> Piscina

A iluminação, o aquecimento, o ar condicionado, a limpeza, o entretenimento, etc. consomem energia na área de utilização dos hóspedes deste hotel.

Área do utilizador do hotel:

> Cozinha

> Receção

> Área administrativa

A cozinha é uma das áreas de maior consumo de energia, contribuindo com 9% do consumo total de eletricidade (figura 6). O GPL é a principal fonte de energia consumida na cozinha. Num mês, são utilizadas 89 garrafas nesta estância. O GPL é utilizado principalmente para cozinhar. Para além do consumo de GPL, a eletricidade é utilizada para alimentar as máquinas, os compressores de ar, a iluminação e a ventilação. O forno elétrico, a torradeira, etc. são os equipamentos que consomem eletricidade na cozinha.

Utilidades:

> Conjuntos DG (2 conjuntos de 100KVA cada)

> Ar condicionado (centralizado-5 e individual AC-44)

> Refrigeração

> Entretenimento (televisores, computador, etc.)

> Caldeira (aquecimento da água da piscina)

Esta secção tem um elevado consumo de energia. Consome a maior parte da eletricidade. O gasóleo é utilizado no conjunto DG para produzir eletricidade quando a rede regular de fornecimento de energia da NEA falha e durante os períodos de pico à noite. A figura 6 mostra em pormenor a tendência do consumo de eletricidade:

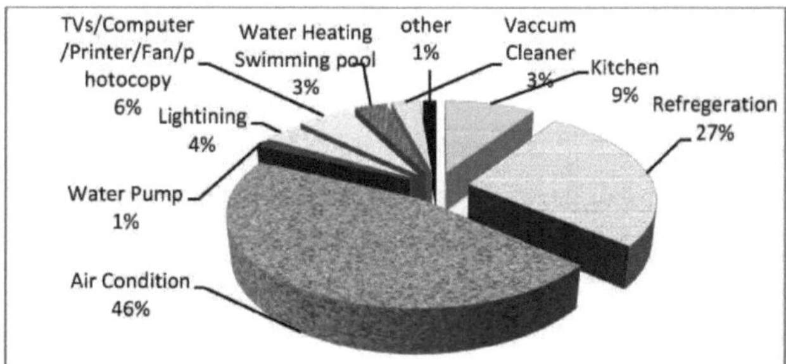

Figura 6: Tendência do consumo de eletricidade - Club Himalaya Nagarkot Resort

Tal como o Grand Hotel e o Hotel Marshyangdi, esta estância também consome muita eletricidade em ar condicionado. O ar condicionado representa cerca de 46% do consumo total de eletricidade. Este hotel utiliza dois tipos de sistemas de ar condicionado: 5 AC centralizados e 44 AC individuais. A principal razão por detrás do elevado consumo na secção de Ar Condicionado é o facto de o AC centralizado ter uma capacidade de consumo elevada, que é de 13,5 kW. Seria preferível que o hotel instalasse uma tecnologia nova e eficiente para poupar energia, bem como os seus custos energéticos. Para além do AC, a refrigeração é também uma área de elevado consumo de eletricidade, que representa cerca de 27% do consumo total de eletricidade. O aquecimento da água para a piscina, a televisão, os computadores, a iluminação e a bombagem de água são outras áreas de consumo de eletricidade.

Cálculo:

Uma vez que está num dos destinos turísticos, o Nepal Club Himalaya **Nagarkot** Resort está a funcionar bem.

Tabela 10: Consumo de eletricidade por ocupação-Club Himalaya Nagarkot Resort

Mês	Ocupação	Unidade de eletricidade/mês	Eletricidade Fatura NRS/mês
junho/julho	65%	15231	152310
julho/agosto	75%	19870	198700
setembro/ou tubro	95%	24734	247340

Fonte: Inquérito de campo 2012

Tem uma ocupação mínima de 65% em junho/julho, uma ocupação média de 75% em julho/agosto e uma ocupação máxima de cerca de 95% em setembro/outubro. A correlação entre a ocupação e o custo da eletricidade foi calculada, tendo-se verificado uma correlação positiva entre si. Também aqui podemos dizer que o consumo de eletricidade está de acordo com o número de turistas visitados.

7.3 Consumo e produção total de energia

A partir da utilização da eletricidade da rede, do gasóleo para os grupos electrogéneos, do GPL para a cozinha, da gasolina para o transporte e do carvão para a cozinha, o consumo total de energia foi de 12874,4GJ por ano. Entre eles, o consumo de gasóleo é de cerca de 6100,5 GJ/ano, o consumo de eletricidade da rede é de cerca de 4600,8 GJ/ano e o consumo de GPL é de cerca de 1563,077 GJ/ano.

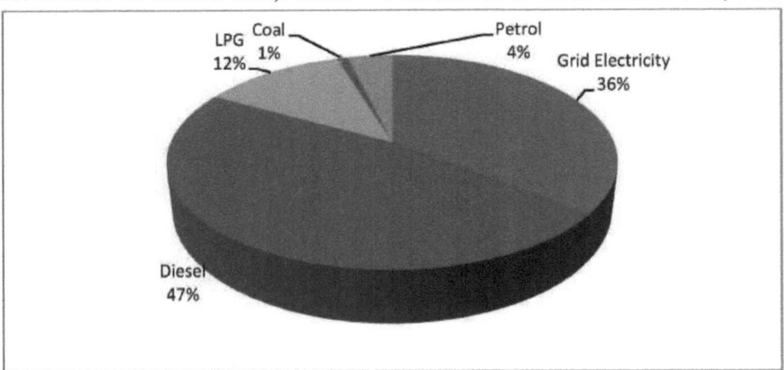

Figura 7: Padrão de consumo total de energia

O consumo total de energia por hóspede foi de 38,82 GJ por ano.

Dos quatro hotéis, o hotel com maior consumo de energia é o Club Himalaya Nagarkot Resort, que consome cerca de 4331,66 GJ de energia por ano, o Grand Hotel consome cerca de 4182,76 GJ/ano, o Hotel Marshyangdi consome cerca de 3815 GJ de energia por ano e o Thamel Eco Resort consome cerca de 544,61 GJ de energia por ano.

A região por detrás do consumo de energia mais elevado no Club Himalaya Nagarkot Resort deve-se à utilização ineficiente da energia, como por exemplo, em comparação com outros hotéis que têm aparelhos de elevado consumo de energia, como o antigo ar condicionado centralizado, e que utilizam todos os tipos de aparelhos durante muito tempo por dia. No caso do Thamel Eco Resort, a razão por detrás do baixo consumo de energia é o comprometimento das instalações energéticas para os hóspedes; utilizam um gerador a gasóleo durante o período de redução de carga e utilizam-no apenas para fins de iluminação e não para o funcionamento do ar condicionado, frigorífico e outros aparelhos que consomem energia.

7.3.1 Produção de eletricidade a partir de gasóleo:

Todos os hotéis utilizam gasóleo para a produção de eletricidade. Estes quatro hotéis produzem um total de 43574kWh de eletricidade por mês. O Club Himalaya Nagarkot Resort gera cerca de 19725 kWh, o Grand Hotel gera cerca de 12000kWh, o Hotel Marshyangdi gera cerca de 10800kWh e o Thamel Eco Resort gera cerca de 1050kWh de eletricidade a partir de gasóleo por mês. Em todos os casos, o custo unitário da eletricidade produzida a partir de gasóleo é de cerca de 32,33 NRs.

7.3.2 Peso médio da unidade de eletricidade:

Avaliando o custo da eletricidade da rede e o custo da eletricidade a partir do gasóleo, verificou-se que o custo unitário da eletricidade era superior ao custo normal em todos os hotéis. O custo médio ponderado da eletricidade por unidade do Club Himalaya Nagarkot Resort é superior ao dos outros hotéis e o do Thamel Eco Resort é inferior.

Quadro 11: Peso médio da eletricidade por unidade

S.N	Nome dos hotéis	Custo real da eletricidade por unidade (kWh) (média dos conjuntos rede + GD) NRs
1.	Grande Hotel	14.96
2.	Hotel Marshyangdi	14.99
3.	Club Himalaya Nagarkot Resort	21.08
4.	Thamel Eco Resort	12.91
5.	**Ponderação média total**	16.48

Devido ao elevado consumo de gasóleo para produzir eletricidade e ao baixo consumo de eletricidade da rede, o Club Himalaya Nagarkot Resort tem um peso médio de 21,08 NR. Enquanto o Thamel Eco Resort tem o peso médio mais baixo, ou seja, NRs 12,91, devido à baixa quantidade de consumo de gasóleo para a produção de eletricidade.

7.4 Comparação entre o custo da eletricidade da rede e o custo real da eletricidade

Quadro 12: Comparação: Custo da eletricidade da rede e custo *real da eletricidade*

Nome do hotel	Conta de eletricidade a pagar para NEA(NRS/Mês)Aprox.	Fatura da eletricidade real (Rede+DGSets)(NRs/Mês)
Grande Hotel	420000	808000
Hotel Marshyangdi	375000	724200
Thamel Eco resort	70000	103950
Clube Himalaya	200000	837775

Fonte: Inquérito de campo 2012

A partir deste quadro 10: verificou-se que, no caso de todos os hotéis, o custo real da eletricidade (eletricidade da rede e da DG) é quase o dobro. A figura 8 mostra-o claramente.

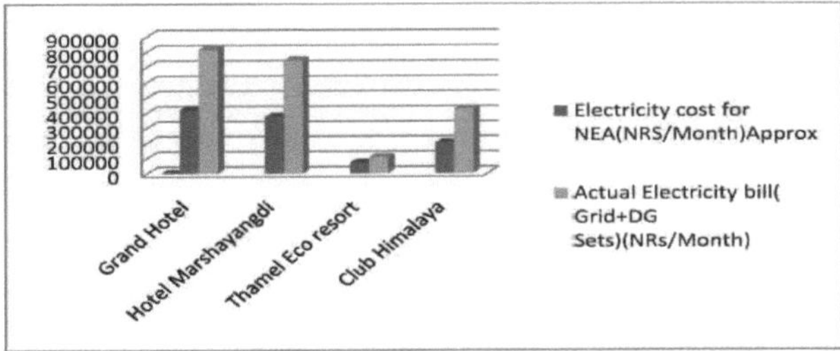

Figura 8 *Comparação entre o custo da eletricidade da rede e o custo real da eletricidade*

Conclusões:

Todos os hotéis estudados utilizam os grupos electrogéneos para a produção de eletricidade durante os períodos de vazio e durante as horas de ponta da noite. A percentagem de produção e consumo de eletricidade em termos de valor monetário é a seguinte

1. O Grand Hotel Pvt. Ltd. produz 48% da eletricidade a partir de gasóleo.
2. O Hotel Marshyangdi produz quase 50% da eletricidade a partir de gasóleo.
3. A Thamel Eco Resort Pvt. Ltd. produz cerca de 33% da eletricidade a partir de gasóleo.
4. O Club Himalaya Nagarkot Resort Pvt. Ltd. produz 53% da eletricidade a partir de gasóleo.

Os dados e conclusões acima referidos mostram que a utilização de gasóleo em todos os hotéis não é consistente devido ao estilo de consumo de eletricidade, à eficiência dos aparelhos que consomem eletricidade e pode também dever-se à eficiência dos grupos electrogéneos.

7. 5 Comparação do custo total de energia com o tipo de consumo de energia

O Club Himalaya Nagarkot Resort é um hotel com elevado consumo de energia. Investe cerca de NRs 968605 por mês para satisfazer a procura total de energia. O Grand Hotel é o segundo hotel com maior consumo de energia, com um consumo de cerca de NRs 962300. Do mesmo modo, o hotel Marshyangdi consome energia no valor de NRs 872220 e o Thamel Eco Resort consome energia no valor de NRs 121590.

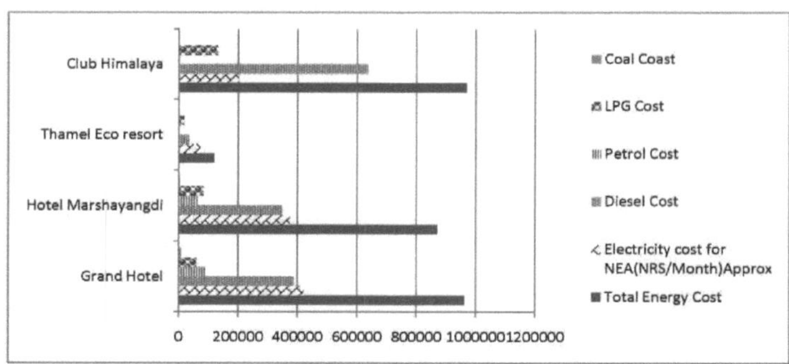

Figura 9 *Comparação do custo total de energia com o tipo de consumo de energia*

A Figura 9 mostra que, apesar de consumirem eletricidade de baixo custo em comparação com o Grand Hotel, o Hotel Marshyangdi e o Club Himalaya Nagarkot Resort estão a consumir uma quantidade elevada de energia. Tal deve-se a um maior consumo de GPL e gasóleo.

A figura 9 mostra que o custo do gasóleo é elevado em comparação com o custo da gasolina, do GPL e do carvão. Apenas dois hotéis estão a utilizar gasolina e carvão em quantidades muito reduzidas. Dois hotéis, o Grand Hotel e o Hotel Marshyangdi, estão a utilizar gasolina para fins de transporte.

Conclusões:

A correlação entre o consumo de eletricidade da rede e a ocupação de cada hotel foi considerada altamente correlacionada positivamente e a correlação entre o custo total do consumo de energia e a ocupação também foi considerada positivamente correlacionada, ou seja, 0,8051. No entanto, ao calcular a correlação entre o consumo total de energia e a capacidade dos grupos electrogéneos (em KVA), não se encontrou uma correlação altamente positiva, ou seja, 0,61. Isto significa que deve haver algo de errado com a eficiência dos grupos electrogéneos na produção de eletricidade, em certa medida.

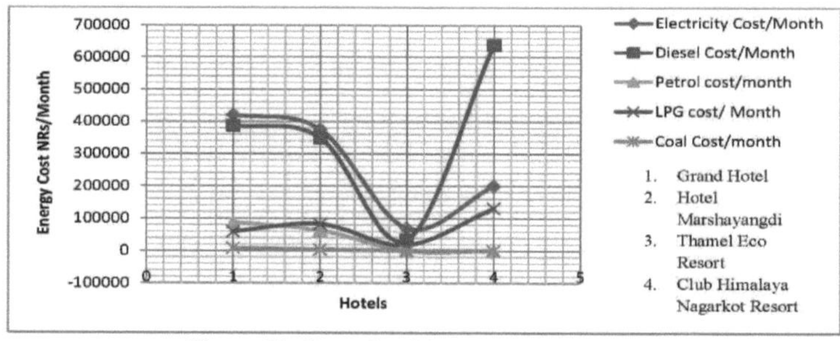

Figura 10: Custo dos diferentes tipos de energia

7.6 Situação das energias renováveis

A partir do estudo de campo dos hotéis, verificou-se que muito poucos tipos de energia renovável estão a ser utilizados. Nos hotéis estudados, utiliza-se principalmente o sistema de água quente sanitária (DHWS) a partir de energia solar. O Hotel Marshyangdi está a utilizar um aquecedor solar de água. O Grand Hotel utiliza por vezes bio-briquetes e lenha em pequenas quantidades. Apenas o Hotel Marshyangdi tem um aquecedor solar de água com capacidade para aquecer 5000 litros com 40 painéis. No Club Himalaya Nagarkot Resort, a energia eólica foi instalada há 10 anos, mas não está a funcionar devido à sua menor eficácia.

Descoberta:

Apesar do pequeno investimento inicial, não precisamos de pagar regularmente pelas energias renováveis, como o aquecedor solar de água e a central solar fotovoltaica. Em hotéis como o Club Himalaya Nagarkot Resort e o Grand Hotel, o consumo de gasóleo é mais elevado do que noutros hotéis, como o Hotel Marshyangdi e o Thamel Eco Resort. Isto deve-se ao facto de o Grand Hotel e o Club Himalaya Nagarkot Resort utilizarem caldeiras a gasóleo para o aquecimento da água e utilizarem eletricidade para o aquecimento da água, o que acaba por provocar um consumo elevado de gasóleo. O cálculo da correlação entre o consumo de gasóleo e a capacidade instalada do aquecedor solar de água revela que esta correlação é de -0,0088, ou seja, altamente negativa. Isto significa que mais aquecedor solar significa menos consumo de gasóleo.

Em casos como os tubos da caldeira e os tubos dos géisers solares, verificou-se que não estavam devidamente isolados ou não tinham sido objeto de manutenção. Assim, um bom tanque de água isolado é adequado para armazenar água quente e pode reduzir o aquecimento subsequente perdido nos géisers eléctricos.

7.6.1 Potencial de instalação de tecnologias renováveis:

Há muitas possibilidades de instalação de tecnologias renováveis. No Grand Hotel há um espaço aberto sem sombra de cerca de 2 ropani e um telhado plano sem sombra de cerca de 0,5 ropani. Existe a possibilidade de instalação de um sistema solar de água quente doméstica (DHWS) e de uma central solar fotovoltaica. Do mesmo modo, o Club Himalaya Nagarkot Resort também dispõe de um espaço aberto sem sombra, existindo igualmente a possibilidade de instalar uma central solar fotovoltaica e um sistema de água quente sanitária.

Tabela 13: Potencial de instalação de fontes de energia renováveis

S.N.	Nome do hotel	Espaço não sombreado	Telhado plano não sombreado	Sem obstáculos Fluxo de vento	Resíduos orgânicos (kg)
1.	Grande Hotel	2 ropanos	0,5 ropano	Não	50
2.	Hotel Marshayandi	1.2 ropanos	0,25 ropanos	Não	45
3.	Clube Himalaya	Sim	Sim	Sim	45
4.	Thamel Eco Resort	-	-	Não	35

Fonte: Inquérito de campo 2012

7.7 Situação das emissões de gases com efeito de estufa (GEE) dos hotéis

A partir da tabela 12 calculada, a emissão total de GEE da utilização de petróleo é de 723701 kg de equivalente de CO_2, ou seja, 723,701 toneladas de equivalente de CO_2 num ano. Só o consumo de gasóleo emite

554,274 toneladas de CO_2 equivalente num ano.

Quadro 14: Total de emissões de GEE

Nome do hotel	Gasóleo litro/ano	Gasolina (litros/ano)	GPL kg/ano	Carvão kg/ano	Emissão de GEE (CO2 eqv, kg / ano)				TotalGHG (CO2 eqv, kg/ano)
					Gasóleo	Gasolina	GPL	Carvão	
Grande Hotel	48000	8400	6960	3000	152640	22848	23998.45	8619	208105.5
Hotel Marshyangdi	43200	6000	9744	1200	137376	16320	33597.84	3447.6	190741.4
Thamel Eco Estância	4200	0	2088	0	13356	0	7199.536	0	20555.54
Clube Himalaya	78900	0	15486	0	250902	0	53396.56	0	304298.6
Total	174300	14400	33568.8	4200	554274	39168	118192.4	12066.6	723701

Fonte: Inquérito de campo 2012

A figura 11 e os dados mostram que o gasóleo é a principal fonte de emissão de gases com efeito de estufa (GEE) do hotel de três estrelas de Katmandu. Só o gasóleo contribui com cerca de 74% dos GEE em termos de equivalente de CO2, enquanto o GPL contribui com cerca de 19%, ou seja, 118,192 toneladas de equivalente de CO2 por ano. Do mesmo modo, a gasolina contribui com 5% das emissões de GEE, ou seja, 39,168 toneladas de equivalente CO2 por ano.

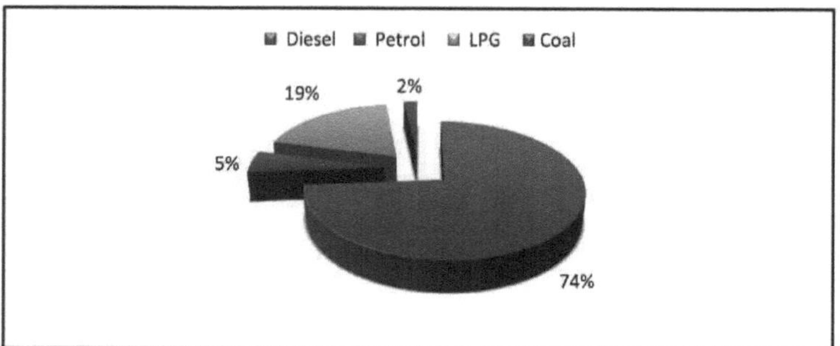

Figura 11: Percentagem dos vários tipos de combustível em todos os hotéis em termos de emissões de

7.8 Viabilidade económica:

Se substituirmos o gasóleo para a produção de eletricidade por uma central solar fotovoltaica em possíveis hotéis como o Grand Hotel, o Hotel Marshyangdi e o Club Himalaya Nagarkot Resort, pouparemos 170100 litros de gasóleo. Isto significa que se poupam 5953,5 GJ de energia e 540,918 toneladas de gases com efeito de estufa equivalentes a CO_2 num ano.

O Grand Hotel está a utilizar uma caldeira a gasóleo para o aquecimento da água. Cerca de 650 litros de água durante 2 horas são aquecidos por uma caldeira a gasóleo durante o período de vazio e a caldeira a gasóleo consome 25 litros de gasóleo por hora (50 litros por dia). Se a caldeira a gasóleo for substituída por um aquecedor solar de água, são necessárias 4 instalações de aquecimento solar de água com capacidade para aquecer 400 litros por instalação. A instalação de 400 litros é composta por 30 tubos extragrandes (Estudo de mercado, 2012). Para a substituição da caldeira a gasóleo, foram obtidos os seguintes resultados dos cálculos. No Grand Hotel e no Club Himalaya Nagarkot resort existe potencial para a instalação de uma central solar fotovoltaica também devido ao espaço não ensombrado disponível.

Investimento inicial:	NRs 192,000
Potencial **anual** de poupança de **energia:**	638,7 GJ
Redução Anual de **Emissões** de GEE (CO_2 Equivalente):	58.035 Tom
Potencial de poupança de custos anual:	NRs 1,770,250
Período de recuperação simples:	1 mês 10 dias

Em todos os hotéis estão a ser utilizadas lâmpadas fluorescentes compactas e incandescentes. No sentido da poupança de energia e das vantagens económicas, existem várias tecnologias disponíveis no mercado. A lâmpada fluorescente compacta (CFL) é também uma lâmpada que poupa energia em comparação com a lâmpada incandescente, mas atualmente estão disponíveis no mercado lâmpadas de díodo emissor de luz (LED) ainda mais económicas. Podemos substituir as lâmpadas CFL e incandescentes por lâmpadas LED nos hotéis estudados. Os pormenores da substituição das lâmpadas incandescentes e das lâmpadas fluorescentes compactas por lâmpadas LED nos hotéis estudados são apresentados na tabela:

Tabela 15: Cálculo da poupança de energia e do período de retorno do investimento

S.N.	Nome do hotel	N.º de lâmpadas a substituir	Investimento inicial NRS	Poupança anual de energia kWh	Poupança anual de custos NRs (média)	Período de retorno simples
1.	Grande Hotel	500 CFL	250,000	5475	54750	4 anos 2 meses

		250 incandescentes	125,000	16681.25	166812	9 meses
2.	Hotel Marshyangdi	500 CFL	250,000	6570	65700	3 anos 10 meses
		40 Incandescentes	20,000	1095	10950	2 anos
		120 incandescentes	60,000	3241.2	32412	1 ano 11 meses
4.	Club Himalaya Nagarkot Resort	400 CFL	200,000	5256	52560	2 anos
		150 Incandescentes	75,000	3558.75	35587	2 anos 2 meses
5.	Thamel Eco Resort	190 CFL	95,000	2080.5	20805	4 anos 7 meses

Fonte: Inquérito de campo 2012

No caso das lâmpadas fluorescentes compactas, a vida útil é de apenas 2 anos. No caso das lâmpadas LED, o tempo de vida é de cerca de 6-11 anos. A esperança de vida das lâmpadas incandescentes é de apenas 1200 horas. Assim, em cada 2 anos, a substituição das lâmpadas CFL por lâmpadas LED no Grand Hotel e no Hotel Marshyangdi permite poupar 125 000 NRs. No Club Himalaya Nagarkot Resort, a substituição das lâmpadas fluorescentes compactas por lâmpadas LED permite poupar 100 000 NR e, no Thamel Eco Resort, 47 500 NR de 2 em 2 anos.

7.9 Perfil energético e desempenho ambiental

Nenhum dos hotéis estudados efectuou uma auditoria energética. O resultado da não realização de auditorias energéticas é evidente, uma vez que todos os hotéis operam com aparelhos de elevado consumo de energia e de baixa eficiência. Apenas as unidades de consumo global de energia são medidas e acompanhadas regularmente. Nenhum destes hotéis aplicou o Sistema de Gestão Ambiental (SGA).

7.10 Oportunidades de implementação do EMS e do EnMS

Devido a práticas ambientais inadequadas, especialmente no que diz respeito à eficiência energética, os hotéis estão a investir muito dinheiro no sector da energia. Outros sectores, como o consumo de água e a gestão de resíduos dos hotéis, também não são satisfatórios. Em cada um dos sectores existe um potencial de eficiência de recursos, como a poupança de energia, juntamente com a poupança de emissões de GEE em termos de equivalente de CO2, minimização de resíduos, etc. Se todos os hotéis implementarem a eficiência energética, haverá benefícios em termos de poupança de energia, bem como de redução de custos. As práticas de implementação do Sistema de Gestão Ambiental (SGA) em hotéis estrangeiros, como o Shangri-La Hotel Singapore, mostram uma poupança eléctrica positiva que varia entre 314 252 kWh e 2 405 635 kWh em média por ano (Chan, 2009). A implementação do SGA no sector hoteleiro no caso do Nepal também será benéfica em termos de conservação de energia e de um ambiente mais limpo. Para além do SGA, a mais recente norma ISO: 50001 Energy Management System (EnMS) é muito mais eficaz para a prática da eficiência energética no sector hoteleiro.

Esta Norma Internacional especifica os requisitos de um sistema de gestão da energia (EnMS) para que uma organização desenvolva e implemente uma política energética, estabeleça objectivos, metas e planos de ação, que tenham em conta os requisitos legais e a informação relacionada com uma utilização significativa da energia. Um SGEE permite a uma organização cumprir os compromissos da sua política, tomar as medidas necessárias para melhorar o seu desempenho energético e demonstrar a conformidade do sistema com os requisitos desta Norma Internacional. A aplicação desta Norma Internacional pode ser adaptada aos requisitos de uma organização, incluindo a complexidade do sistema, o grau de documentação e os recursos, e aplica-se às actividades sob o controlo da organização. O sector hoteleiro no Nepal pode obter os seguintes tipos de vantagens com a implementação do EnMS ou EMS.

Um hotel que tenha implementado um Sistema de Gestão Ambiental e um Sistema de Gestão de Energia pode obter vantagens competitivas significativas. Os benefícios associados a sistemas de gestão ambiental eficazes são:

1. Benefícios relacionados com o desempenho ambiental

    > Redução da carga poluente,
    > Melhoria do desempenho ambiental,
    > Conservação e eficiência dos recursos,
    > Sensibilização dos trabalhadores para as questões e responsabilidades ambientais
    > Conservar os materiais utilizados e a energia.

2. Os benefícios económicos relacionados incluem

    > Reduz os custos devido à conservação dos materiais, às práticas de eficiência energética e a outras medidas de minimização de resíduos,
    > Prémio de seguro mais baixo devido à redução do risco,
    > Redução da responsabilidade jurídica devido ao menor número de incidentes,
    > Aumento da eficiência e redução de custos.

3. Benefício relacionado com o mercado

    > Incluem o reforço da imagem da empresa e da sua quota de mercado,
    > Capacidade de aceder a mercados estrangeiros prudentes do ponto de vista ambiental,
    > Garantir aos clientes o compromisso de demonstrar a gestão ambiental e
    > Novo cliente ou mercado.

CONCLUSÃO E RECOMENDAÇÃO:

Conclusão

O estudo, com um inquérito no terreno realizado em quatro amostras de hotéis de 3 estrelas, explorou o cenário do consumo de energia dos hotéis de 3 estrelas no Nepal. De acordo com o estudo global, podemos concluir este estudo nos parágrafos seguintes.

A investigação revelou que os hotéis de 3 estrelas de Katmandu estudados dependem principalmente do fornecimento de eletricidade da rede da NEA mas, devido ao corte diário de energia, investiram muito dinheiro em centrais a gasóleo para a produção de energia. Também são utilizadas poucas quantidades de gasolina para efeitos de transporte. O gás de petróleo liquefeito (GPL) é a principal fonte de energia para cozinhar na cozinha dos hotéis. Após o estudo global do padrão de consumo de energia dos hotéis, podemos concluir que o ar condicionado e a refrigeração são as principais áreas de consumo de energia em todos os hotéis.

O estudo também concluiu que não existe uma prática de utilização eficiente da energia em todos os hotéis. Porque estão a utilizar aparelhos com elevada capacidade de consumo de energia e alguns dos hotéis estão a utilizar aparelhos antigos sem manutenção adequada. Em hotéis como o Grand Hotel e o Club Himalaya Nagarkot Resort, existe um elevado potencial para substituir, em certa medida, as suas centrais a gasóleo por centrais solares, sobretudo para o aquecimento da água, e, devido ao espaço aberto e sem sombra disponível, há também a possibilidade de instalar centrais solares fotovoltaicas. Se estas centrais substituírem completamente as centrais a gasóleo em três dos hotéis estudados (Grand Hotel, Hotel Marshyangdi e Club Himalaya Nagarkot Resort), podem poupar-se 540,918 toneladas de emissões de gases com efeito de estufa de CO_2 equivalente e 5953,5 GJ de energia.

Tabela 16: Tabela de poupança

Nome do hotel	Poupança de GJ por ano	Poupança de GEE por ano (tonelada de CO_2 equivalente)	Benefício económico NRs por ano
Grande Hotel	1680	152.640	4656000
Hotel Marshyangdi	1512	137.376	4190400
Clube Himalaya Nagarkot	2762	250.902	7653300

Fonte: Inquérito de campo de 2012

Podemos concluir que, se os hotéis iniciassem um estudo de viabilidade efetivo para a instalação de tecnologias renováveis, isso seria altamente benéfico em termos de poupança de energia, bem como de poupança de custos em grande quantidade. Do ponto de vista ambiental, a substituição do petróleo também é mais importante porque promove uma hospitalidade mais limpa.

A partir da área da iluminação, podemos iniciar práticas de eficiência energética no sector hoteleiro. A discussão acima mostra que a substituição das lâmpadas fluorescentes compactas e incandescentes é muito adequada devido ao período de retorno efetivo, à poupança de custos e à poupança de energia. No total, para apenas quatro hotéis, esta prática de substituição permitirá poupar cerca de 43957,7 kWh de eletricidade por ano. Se as mesmas práticas forem seguidas em toda a indústria hoteleira, como hotéis, outras indústrias e mesmo nos agregados familiares, poupar-se-á uma quantidade magnífica de eletricidade. Este estudo esclarece que, num país como o Nepal, este tipo de prática é adequado porque tem potencial para reduzir o corte de energia até certo ponto.

Nestas circunstâncias da indústria hoteleira, podemos concluir que a implementação do Sistema de Gestão Ambiental (SGA) é adequada, porque no Shangri-La Hotel de Singapura há um caso de implementação bem sucedida do SGA; podemos tomá-lo como referência para a implementação do SGA em hotéis de nível de estrelas no Nepal. Para poupar energia, reduzir os custos, reduzir as emissões, reduzir os riscos e tornar o ambiente hoteleiro mais limpo, a aplicação do SGA é a melhor forma de o fazer também no sector hoteleiro nepalês.

De um modo geral, o estudo concluiu que existem benefícios diretos para o empresário e benefícios diretos e indirectos para outras partes interessadas, para o cliente e benefícios globais para o país em termos de poupança de energia e de custos e de melhoria do ambiente. As práticas de eficiência energética não requerem uma tecnologia tão vasta nem um investimento elevado. Por conseguinte, é viável e exequível.

Recomendação

Com base no estudo e nas conclusões, foi proposta a seguinte recomendação:

> É necessário substituir os aparelhos de ar condicionado e os frigoríficos antigos e que consomem muita energia, porque estes dois tipos de aparelhos são os que consomem mais energia.

> Com benefícios em termos de custos, poupança de energia, redução dos gases com efeito de estufa e benefícios ambientais globais, bem como outros benefícios diretos e indirectos para as partes interessadas, deve ser dada prioridade à instalação de uma central solar (tanto solar fotovoltaica como de um sistema de água quente sanitária) após um estudo de viabilidade.

> A auditoria energética é muito importante para descobrir o padrão de consumo e a análise custo-benefício. Nenhum dos hotéis efectuou uma auditoria energética. Por conseguinte, a auditoria energética também deve ser prioritária.

> Para poupar energia para cozinhar e iluminar, a instalação de biogás também pode ser adequada. Este tipo de prática também é efectuado no Hotel Barahi, em Pokhara, com uma capacidade de $23m^{3}$. Assim, é necessário um estudo de viabilidade eficaz para a instalação de biogás. Este pode substituir uma grande quantidade de GPL com a correspondente redução dos gases com efeito de estufa.

> O cálculo da substituição das lâmpadas incandescentes e das lâmpadas fluorescentes compactas por lâmpadas LED mostra a sua eficácia positiva em termos de poupança de custos e de energia e o seu período de retorno efetivo. É igualmente viável. Por conseguinte, este projeto deve ser considerado prioritário.

> A água solar pode ser utilizada como água de alimentação; o permutador de calor pode ser utilizado para elevar a água a 45 °C para utilização na sala. Isto pode poupar uma quantidade magnífica de energia.

> Em casos como os tubos da caldeira e os tubos dos géiseres solares, verificou-se que não estavam devidamente isolados ou não estavam isclados. Assim, um bom tanque de água isolado é apropriado para armazenar água quente e pode reduzir o aquecimento subsequente perdido nos géiseres eléctricos.

> A implementação do Sistema de Gestão Ambiental (SGA); a norma ISO 14001 é a melhor forma de apoiar a implementação da recomendação acima referida. Já falámos sobre a eficácia e os benefícios do SGA para o sector hoteleiro. Assim, para uma prática global de eficiência energética e um bom desempenho ambiental, a implementação do SGA deve ser importante e o estudo de viabilidade das hipóteses de implementação do SGA também é recomendado.

REFERÊNCIAS

Alexander, S. (2002). *HOTÉIS VERDES: Opportunities and Resources for Success.* Nova Zelândia: Zero waste alliance.

Baulch, C., Faroukhians, T., McCleery, A., Munidasa, K., e Skerry.J, 2002, *Energy Efficiency & Greenhouse Gasreduction,* Commonwealth of Australia

Chan, W. W. (2009). Medidas ambientais para hotéis Sistema de Gestão Ambiental (EMS) ISO14001. *International Journal of Contempary Hospitality management,* V(21) 542-560.

Crosbie Baulch, T. F. (2002). *Eficiência energética e redução dos gases com efeito de estufa.* Commonwealth of Australia.

ESPS, (2002), *Energy efficiency Report on Hotel Sherpa,* Kathmandu.

Gaire, D., Suvedi, M. &Amatya, J., 2008, *Impacts assessment and climate change adaptation strategies in Makawanpur district, Nepal,* relatório apresentado à Action Aid

IPCC (2007), *An Assessment of the Intergovernmental Panel on Climate Change (Avaliação do Painel Intergovernamental sobre as Alterações Climáticas).*

IPCC, (2006), *IPCC Guidelines for National Greenhouse Gas Inventories, Reporting Instruction, Workbook and Referee Manual*

ISO (2006), *The ISO Survey of Certifications 2005,* ISO, Genebra.

ISO 14001, Escola de Gestão Hoteleira e Turística, Universidade Politécnica de Hong Kong, Hong Kong

ISO. (2011). *Ganhe energia com a ISO 50001.* Organização Internacional de Normalização (ISO) .

Mills, J, (1998), Seizing renewable energy opportunities. *Conferência sobre energias renováveis, Gabinete do Governo da Região Leste do Reino Unido.* Cambridge.

Ministério das Finanças (2011). *Relatório Anual: Energia e silvicultura.* Nepal: Ministério das Finanças.

NSAI. (2011). *Sistema de gestão de energia ISO 50001.* NSAI.

Shakya, (2005). *Application of Renewable energy Technology for greenhouse gas Emission in Nepalese context:* Um estudo de caso. *The Nepalese Journal of Engineering 1 (1),* pp92-101.

Smith. et, al (1999), *Household Stoves in India.*

TERI, (2000). *Estudo de conservação de energia no Hotel Crown Plaza.* Kathmandu.

PNUA, (1998). How the Hotel and Tourism Industry Can Protect the Ozone Layer, Fundo Multilateral para a Implementação do Protocolo de Montreal.

Wilco W. Chan, 2009, *Medidas ambientais para os sistemas de gestão ambiental dos hotéis*

Ustad, B. H. (2010). *The Adoption and Implementation of EMS* in NewZealand Hotels.

Rogers, R. F. (2002). *Energy Efficiency Opportunities:The Lodging Industry (Oportunidades de Eficiência Energética: A Indústria de Alojamento).* The Center for Energy and Climate Solutions.

ONU. (2002). *Nepal Country rofile.* ONU.

WECS. *(2010). Relatório de Sinopse do Setor Energético.* WECS.

Sítios Web:

www.ISOhelpline. com

www. google. com

www.ipcc.com

http://www.mdsideas.com/unwto/

http://www. build. com. au/

Anexo

Anexo 1. Lista de países por consumo total de energia per capita

S.N.	Nome dos países	Consumo de energia per capita por ano (GJ)
1.	Bangladesh	6.76
2.	Canadá	348.63
3.	China	47.81
4.	Índia	21.52
5.	Nepal	14.11
6.	Paquistão	19.18
7.	EUA	327.38

Fonte: Instituto de Recursos Mundiais, 2003

Anexo 2. Esperança média de vida de diferentes tipos de lâmpadas: (para lâmpadas de 60 watts)

S.N.	Tipo de lâmpada	Vida útil média (horas)	kWh de eletricidade Utilizado durante 50.000 horas
1.	LED	70,000-1,00,000	300-500
2.	LFC	6,000-15,000	700
3.	Incandescente	700-1200	3000

Fonte: http://www.build.com.au/

Annex 3.   Valor calorífico líquido de diferentes tipos de combustíveis

Tipo de combustível	Poder calorífico líquido (MJ)	Fonte

Querosene	35 MJ/litro	RWEDP, 2001
Lenha (15-20% mcwb)	15,5 MJ/kg	(RWEDP), 2001
Resíduos de culturas (9% mcwb)	14,4 MJ/kg	RWEDP, 2001
NHV de esterco (12% mcwb)	12 MJ/kg	RWEDP, 2001
GPL	45,6MJ/kg	RWEDP, 2001
Gasóleo	35MJ/litro	RWEDP, 2001

Annex 4.   Factores de emissão da combustão para vários combustíveis

Fonte de combustível	GEE	EFi	CO2e	Fonte
Querosene*	CO_2	2,457 kg/litro	2,457 kg/litro	(IPCC, 1996)
	CH_4	0,35g/ltr	0,007kg/ltr	(Smith et.al, 1999)
	N_2O	0,063g/ltr	0,020kg/ltr	(Smith et.al, 1999)
Lenha**	CO_2	1,406kg/kg	1,406kg/kg	(Smith et.al, 1999)
	CH_4	4g/kg	0,084kg/kg	(Smith et.al, 1999)
	N_2O	0,091g/kg	0,028kg/kg	(Smith et.al, 1999)
Cultura Resíduos***	CO_2	1,2874kg/kg	1,2874kg/kg	(Smith et.al, 1999)
	CH_4	7,488g/kg	0,1572kg/kg	(Smith et.al, 1999)

	N2O	0,04896g/kg	0,01518kg/kg	(Smith et.al, 1999)
Estrume****	CO2	1,0476g/kg	1,0476kg/kg	(Smith et.al, 1999)
	CH4	6,12kg/kg	0,12852kg/kg	(Smith et.al, 1999)
	N2O	0,316g/kg	0,9784kg/kg	(Smith et.al, 1999)
GPL	CO2	3,0689kg/kg	3,0689kg/kg	(IPCC, 1996)
	N2O	0,146g/kg	0,452kg/kg	(Smith et.al, 1999)

Gasóleo 1litro = 3,18kg de CO2equivalente

Gasolina 1litro =2,72kg de CO2 equivalente, 34,2MJ, Fonte: Instituto Australiano de Energia Carvão 1kg =

2,873kg de CO2 equivalente, 27,9 MJ, Fonte: Instituto Australiano de Energia

1 litro de gasóleo = 10 kWh (eficiência do gasóleo considerada como 30%)

Annex 5.   Comparação de aquecedores de água

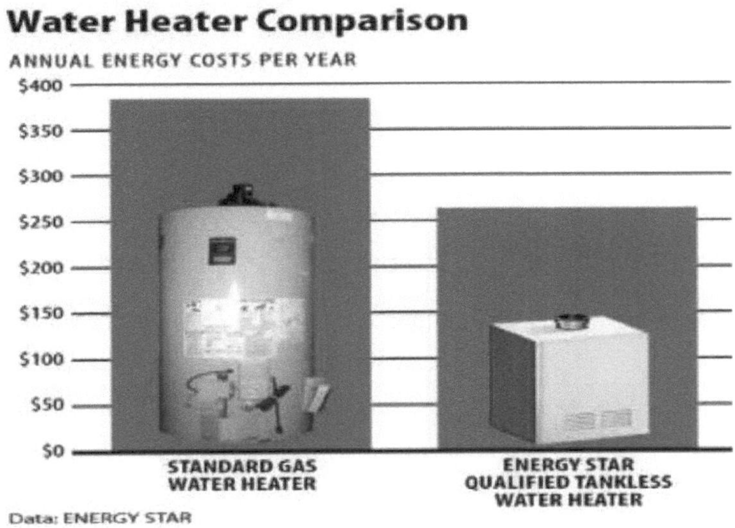

Anexo 6. Elementos fundamentais do EnMS

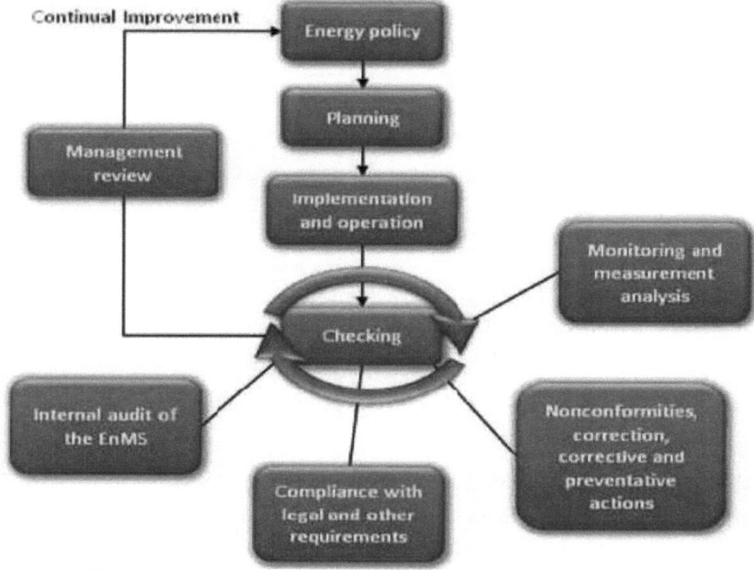

Fonte: NASI 2011

Anexo 7: Informações sobre o inquirido:

Nome do hotel	Nome do inquirido	Responsabilidade
Grand Hotel Pvt. Ltd.	Sr. Thakur Dhakal	Engenheiro-chefe
Hotel Marshyangdi Pvt. Ltd.	Sr. Bijya Nath Y adav	Engenheiro-chefe
Thamel Eco- Resort Pvt. Ltd	Sr. Madhav Lamsal	Diretor Executivo
Club Himalaya Nagarkot Resort	Sr. Raj Shrestha	Escritório e Gestor de reservas

Google Maps do Hotel Marshyangdi, Grand Hotel e Thamel Eco Resort

Mapa do Google Club Himalaya Nagarkot Resort

50

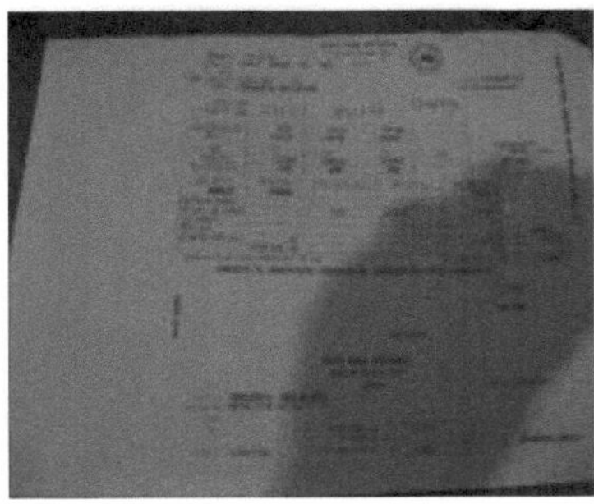

Fatura da eletricidade - Grand Hotel

Motor para bombagem de água

Diesel Gyeser - Grande Hotel
Estação de tratamento de águas - Grand Hoiel

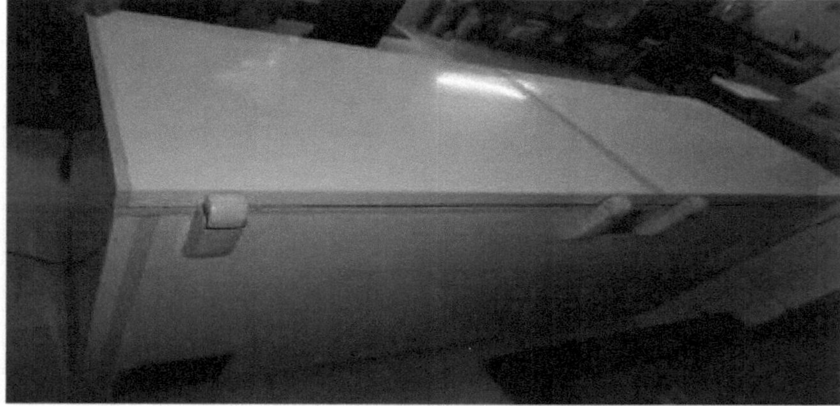

Frigorífico - Thamel Eco Resort

Géiseres solares sem isolamento e rutura do isolamento dos tubos - Hotel Marshyangdi

Recolha de informações no Thamel Eco Resort

Printed by Books on Demand GmbH, Norderstedt / Germany